Intertwingled
Information Changes Everything

万物互联

［美］彼得·莫维尔（Peter Morville）著

黄运涛 译

電子工業出版社
Publishing House of Electronics Industry
北京·BEIJING

Copyright © 2014 Peter Morville All Rights Reserved.

本书中文简体版授予电子工业出版社独家出版发行。未经书面许可，不得以任何方式抄袭、复制或节录本书中的任何内容。

版权贸易合同登记号 图字：01-2017-8419

图书在版编目（CIP）数据

万物互联/（美）彼得·莫维尔（Peter Morville）著；黄运涛译.-- 北京：电子工业出版社，2018.8

书名原文：Intertwingled：Information Changes Everything

ISBN 978-7-121-33395-8

Ⅰ.①万… Ⅱ.①彼… ②黄… Ⅲ.①互联网络－应用②智能技术－应用 Ⅳ.①TP393.4②TP18

中国版本图书馆 CIP 数据核字(2017)第 328855 号

策划编辑：胡　南
责任编辑：雷洪勤
印　　刷：三河市鑫金马印装有限公司
装　　订：三河市鑫金马印装有限公司
出版发行：电子工业出版社
　　　　　北京市海淀区万寿路 173 信箱　邮编：100036
开　　本：720×1000　1/16　印张：16.25　字数：212 千字
版　　次：2018 年 8 月第 1 版
印　　次：2018 年 8 月第 1 次印刷
定　　价：68.00 元

凡所购买电子工业出版社图书有缺损问题，请向购买书店调换。若书店售缺，请与本社发行部联系，联系及邮购电话：(010) 88254888，88258888。
质量投诉请发邮件至 zlts@phei.com.cn，盗版侵权举报请发邮件至 dbqq@phei.com.cn。
本书咨询联系方式：010-88254210，influence@phei.com.cn，微信号：yingxianglibook。

目 录

序言   *v*

本书架构   *vi*
鸣谢   *viii*

第一章 本质   *001*

系统信息   *009*
系统思考   *016*
干预   *030*
信息素养   *041*

第二章 分类   *055*

为用户而组织   *070*
制作框架   *090*
重构   *103*
安宁或顿悟   *109*

第三章 连接   *113*

链接   *120*
循环   *125*
分支   *138*
反射   *150*

第四章　文化　　　　　　　　　153

文化契合　　　　　157
绘制文化　　　　　159
亚文化　　　　　　162
认知方法　　　　　169
设计民族志　　　　174
变化的杠杆　　　　181

第五章　极限　　　　　　　　　199

组织战略　　　　　203
日光　　　　　　　208
理解极限　　　　　223
互即互入　　　　　235

关于作者　　　　　　　　　　　249

序　言

> "当人们无法将事物等级化、目录化和序列化时，却一直假装可以做到。万物深度互联。"
> ——泰德·尼尔森（Theodor Holm Nelson）

1974年，泰德·尼尔森撰写并自助出版了一本带有两个封面的书。正面的封面是《电脑解放运动》（Computer Lib），介绍计算机入门知识，它宣称"任何傻瓜都能理解计算机，有一些傻瓜已经做到了"。背面的封面是《梦想机器》（Dream Machines），是对未来媒体和认知力的憧憬，它宣称"万物深度互联"。这本充满预见性的书成为诸多个人计算机和互联网先锋们的圣经。

我的职业生涯始于1994年,那一年,我成为一名信息架构师。当时驱动我的信念是:通过对信息的组织,我们能让世界变得更美好。我和娄·罗森费尔德(Lou Rosenfeld)联手创立了一家公司,合著了一本书,为信息架构这一专业领域的建立略尽绵薄之力。从那时起,承蒙上天眷顾,我一直在从事我所热爱的事业。但在几年前,我隐隐觉得不妙。由于我们过于聚焦,服务客户的能力遇到瓶颈。这部分是我的过错,因为我把自己定义为一个专家,但最终我得出结论,这个简化论的毛病为我们的文化所特有。

我写作本书是在2014年,旨在揭示泰德·尼尔森的远见"万物深度互联"比以往任何时候都更加重要,并主张通过改变组织信息的方式(不只是网站上的信息,还包括大脑中的信息),我们能变得越来越好。写作本书并不容易,如果阅读它让你有所收获,或许就已经实现了我的抱负。

本书架构

建议按照从头至尾的顺序阅读。本书虽被分割为多个章节,但它们都是紧密互联的。

第一章 本质

从罗亚尔岛（Isle Royale）的狼群到硅谷的Uber，探索系统信息的本质。解释系统思考为何是创造可持续变化的必要条件。

第二章 分类

深入了解分类及其结果。从为用户们组织到组织我们自己（治理）。涵盖自身认知、冥想和道德圈。

第三章 连接

有关链接的历史：从超文本和导航，再到计划和预测。探索自我辩白和眼镜蛇效果。将音乐和联觉归咎于大脑结构。

第四章 文化

提供理解、改变组织文化和国家文化的模式。涉及从权威到直觉的认知方式、从微小习惯到正向偏差的改变方法。对设计民族志给予详细描述。

第五章 极限

超越理解和成长的极限之旅，涵盖医疗伤害、远程瞬移和肉丸子。解决诸如污染、贪污、物种灭绝和崩溃的大问题。

鸣 谢

感谢 Abby Covert，Andrew Hinton，Christian Crumlish，Richard Daltont 和 Noriyo Asano 阅读本书初稿并慷慨地给予建议和支持。我和 Jeffery Callender 一起设计了本书的封面、内页布局和插图。书中所用的符号和图标得到了"名词项目"（The Noun Project）的授权。感谢以下朋友一路上对我的启发和帮助：Andrea Resmini，Bob Royce，Chris Farnum，Christina Wodtke，Dan Cooney，Dan Klyn，Dave Gray，David Fiorito，Whitney Hess，Heidi Weise，Jane Dysart，Jason Hobbs，Jorge Arango，Joseph Janes，Livia Labate，Louis Rosenfeld，Peter Merholz，Thomas Wendt，Simon St. Laurent。最后必须要说的是，感谢 Malcolm，Judith，Paul 和 Ros，他们一直不曾远离我；感谢我的家人 Susan，Claire 和 Claudia 让我的生命充满爱；谢谢我的爱犬 Knowsy 晚上陪我散步。

第一章 本质

"当我们想让一切顺其自然时,却发现万物总是纠缠不清。"

——约翰·缪尔(John Muir)

我站在位于苏必略湖(Lake Superior)西北角的一片小岛海滩上。在开了九小时的本田思域(Honda Civic),外加六小时在游侠III号上的航程之后,我终于背着背包抵达罗亚尔岛国家公园(Isle Royale National Park)中的荒野群岛。虽然这个道路崎岖、与世隔离的避难所是人迹罕至的美国国家公园之一,但它在生态学家群体中广为人知,因为岛上的狼和驼鹿是全球持续时间最长的研究课题"捕食者-猎物关系"的主角。

当然,我到这儿不是做科学研究的,而是来徒步旅行的。但我被吸引到此处是因为这里的生态系统的故事。当1958年研究开始时,有关捕食的成熟的数学模型描述了动物种群规模的起伏,它是维持"自然平衡"为周期性共同进化模式的一部分。在最初几年,事情确如预料般发展。但深谋远虑的生态学家德沃德·艾伦(Durward Allen)坚持了超越常规时限的观察期,随之展现出来的充满戏剧性和活力的变异带来了颇有启发性的意外发现。

我们研究得越多,就越是意识到我们此前的解释有多么贫乏。我们对罗亚尔岛上的狼和驼鹿数量的预测,其准确性如同人们对长期天气预报和金融市场的预测一样差。纵观罗亚尔岛的历史,如果以五年为一个时代,每个时代都与其他任何一个时代截然不同,即使是在经过了五十年的密切观测之后,依然如此。

这是一个谦卑的教训,是今日高科技生态学从业者们即将面对的未来的一个象征。在用户体验和数字战略领域,有很多关于"生态系统"的讨论,此类生态系统可以跨渠道整合不同设备和接触点。虽然这是朝正确方向迈出的一步,但我们的模型和解决方案掩饰了信息系统及其为之服务的组织机构的真实复杂性。

最近,当我为一家年度网络销售额逾20亿美元的财富500强公司提供咨询服务时,我的一位客户解释说,这些年来他已目睹很多咨询顾问都未能创建持久的变化。"他们告诉我们要提升连贯性,因此我们清理了网站,但过不了多久又是一片混乱。我们不断重复同样的错误,一犯再犯。"

之所以出现这种无限循环、走向不明的回路，都因我们不能对症下药，这个坏习惯我们都很熟悉。我们存在的问题一部分是人性，我们都缺乏耐心。我们选择即时的满足感和自以为是的效率，而非更耗时、更艰难且更有效的行动路径。我们存在的问题的另一部分是文化，我们的机构和心态还停留在工业时代。企业被设计成机器，由格子间里的各类专家组成雇员，每个人从事分属于自己的那一部分工作，但没有人理解整体。

唯机器论在工业革命如此成功，以至于我们惊讶地发现要将其逐出历史舞台是如此艰难，尽管在信息时代的作用下，它已经过时，并且在越来越多的情境下会产生适得其反的效果，但它仍对人们有很深的影响。这并不是说旧模式完全是错的。我们不是要抛弃分级制或者专业化，但我们的世界正在变化，我们必须做出调整。

信息时代放大了连接性。每一波改变浪潮——网络、社交、移动、物联网——都增加了连接的等级和输入，提升了变化的速度。在这种情景之下，将我们的组织视为生态系统是极为重要的。这不是在打比方，我们的组织确实是生态系统。尽管每个组织的社区与环境相组合就可能像一个整体般运行，但网络的连接和结果已超出了它的边界所限。

所有的生态系统都是相互联系的。想理解任何一个复杂的适应性系统，我们的视野必须超越它的局限。例如，罗亚尔岛的故事就是一堂系统思维的课程。在1958年，对动物数量起伏的预测是基于经典的捕食理论：驼鹿越多，狼就越多；但狼越多，驼鹿就越少；驼鹿越少，狼就越少，以此类推。这是一个有趣、有用的模型，但它并不完整。

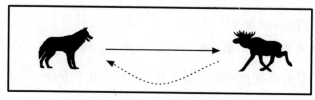

图1-1 经典的"捕食者-猎物"关系

到1969年，驼鹿的数量增长了1倍，这是生态平衡的一次重大变化。到1980年，驼鹿的数量增长了2倍，接着又下降了一半，狼的数量增长了1倍。生态学家们很想知道狼是否有可能让其猎物驼鹿走向灭绝。但是两年后，狼的数量因"犬细小病毒"的爆发而锐减，该病毒由一位游客非法携犬上岛而意外引起。

这些年来，驼鹿的数量稳定增长，只有严冬、酷暑和蜱虱的爆发曾使其数量锐减。本就稀少的狼群因多年来的同系繁殖，数量一直未能壮大。但在1997年的冬季，一只孤独的公狼越过连接罗亚尔岛和加拿大的一座冰桥来到此地,在一段时间内振兴了本地狼群的数量。但是今天,狼群又一次走在了灭绝的边缘,科学家们担心,由于全球变暖的缘故,未来不会再有冰桥。

在整个观察过程中,比较有趣的是,这个故事中的所有意外皆源自外部冲击,它们来自系统模型以外。在生态学和经济学中,此类失衡经常被解释为罕见、不可预测、不值得进一步研究。但这是一个无知而危险的结论。真相是:模型错了。

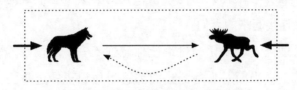

图 1-2 系统容易遭受外来因素的冲击

相同的错误我们在自己建立的系统中一犯再犯。我们在网站上工作,就好像它们存在于真空之中。我们没有描绘用户和内容创造者的生态系统,但这并不妨碍我们锐意进取。我们衡量成就,对业绩给予奖励,但却不知道管理和文化如何影响个人和团队。我们制订计划、编写代码、设计眼罩,然后当被变化突袭后,我们表现得很意外。

如果我们希望理解和管理一个复杂而有活力的系统,我们就必须练习框架转换的艺术。当我们的聚集过于狭窄，我们预测或塑造结果的能力就为零，所以我们必须通过征求不同意见重新审视我们的系统。当我们发现隐藏的连接、信息流和反馈闭环已经超越了我们心理模型的边界时，我们必须改变模型。

在生态系统时代，看到全景图像比以往任何时候都更加重要，但可能性也更低。这不仅仅是因为机构林立和专业分工将我们赶进小盒子里，我们喜欢在那里，它让我们感到安全。但我们并不安全，没时间再去专心做你熟悉的事情，我们必须从方框走向箭头。明天属于那些连接起来的人们。

如果这个关于变化的讨论让你感到不安，那很好，学习让我们都深感不适。当面对失衡，我们都忍不住想要转过身去。但是如果我们坚持下去，我们会学到新的技能，并明白未来我们将有无限可能。一旦我们克服了最初的恐惧和不适，我们甚至可以开始好好享受一番。人生中最好的几条路径是从湿滑的岩石上开始的，或者至少当我站在罗亚尔岛的海滩上，背着背包、地图和指南针，焦虑地啃着一大块素食肉干的时候，就是这么对自己说的。

并不是因为我害怕狼，岛上的狼已所剩无几，我焦虑是因为这是我的第一次远足野营；此前，我远足后总是会入住酒店。我上一次在帐篷里睡觉是在 Foo Camp 大会期间，这是一个面向电脑黑客的活动，与会者在奥莱利出版社（O'Reilly Media）办公室后面的一个苹果园里露营。我睡不着，太冷了，屁股也疼。那天早晨，我在帐篷里瑟瑟发抖，幸好果园里还有WiFi，我打开了苹果笔记本，订了一间酒店客房。但现在，我只身前往旷野之地，并将在这里度过四天四夜。我今年44岁了，这么干还是第一次。

当然，这只能怪我自己。自从步入40岁的年纪，我一直故意把自己弄得不舒服。

在一个容易墨守成规的年龄，我跑完了人生中第一个马拉松，尝试了铁人三项全能运动，在咨询业务上去迎接让我感到惊恐的新挑战。眼下，我正在撰写并出版一本书，背上还扛着一张床。我邀请你一起加入这种不安感，因为这不仅仅是我的时代，而是我们的时代。在信息时代，学习如何学习（和忘却）是成功的关键。不要逃避改变，让我们拥抱它。每次尝试新事物，我们都会变得更好。经验可以建立能力和信心，因此我们已经准备好进行大变革，比如，重新思考我们做什么。

系统信息

1991年，我大学毕业，对未来无甚计划，因此搬去和父母一起住。我白天工作（乏味的数据录入），晚上泡在电脑上。有一个周六，当我在公共图书馆闲逛时，无意中发现一本破旧的老书，讲的是图书馆学中的职业。当我在学习图书馆知识的时候，想到了那些我一直在浏览的网络——AOL（美国在线）、CompuServe（美国最大的在线信息服务机构之一）、Prodigy。它们真是一团糟，找点儿东西很费劲。图书馆学能被应用于这些在线电脑网络上吗？这个问题最终将我送进了密歇根大学研究生院。

1992年，我开始在信息与图书馆研究学院上课，没多久就慌了神。我身陷诸如资料学、目录学等必修课程中，身边都是一心想成为图书馆管理员的同学。事后想起来，我很高兴参加了这些课程，但在当时我确信自己犯了一个天大的错误。我花了一些时间才找到自己的最佳状态。我学习了信息检索和数据库设计，我开发了Dialog，全球首个商用在线搜索服务。我疯狂地爱上了互联网。

工具很粗糙，内容很稀疏，但前景却难以抗拒。一个全球互联的网络，提供思想和信息的通用访问：一个热爱知识的人怎会对此抗拒？我被迷住了。我决定此生致力于"信息系统设计"。

于是，当我离开图书馆学院时，已经知道自己想要做些什么，但当时却没有相关的工作岗位。因此我成为一名企业家，与娄·罗森费尔德（Lou Rosenfeld）和约瑟夫·琼斯（Joseph Janes）一起将阿格斯咨询公司（Argus Associates）发展壮大。我们教人们如何使用互联网，我们使用 Gopher 协议建立了联网的、分层的、仅文本标识的信息系统。当第一个具有图形界面的网页浏览器 Mosaic 发布时（可以显示漂亮的图片，但没有后退按钮），我们开始从事现今被人们称为网站设计的工作。

我们涉猎广泛，从编写代码到罗列内容，无所不包，但最拿手的还是帮助客户搭建和组织网站。这类工作没有一个正式的名字，我们把它称为"信息架构"，并准备着手建立一个新的实践领域。刚开始的时候，我们非常依赖于比喻，我们讨论了建筑计划和蓝图，还引用了寻路和常见的迷路挫败感。

经过一段时间以后，我们的解释越来越具体。我们专注于网站的组织、打标签、搜索和导航系统，这些网站可以帮助用户完成任务、找到他们需要的东西、理解他们找到的内容。在20世纪90年代末期，我们的这种专注合情合理。那时人们争先恐后地把内容塞入自己的网站，总得有人组织它们。

我们对信息架构的正式定义更为全面：共享信息环境的架构设计。但没人会记得定义，吸引人们注意力的是线框，这是我们工作中最显眼但也最表面的部分。所以，在许多人看来，我们的工作就是一门心思扑在网站和线框上。

第一章 本质 | 011

但是，当我们从20世纪的最后十年向21世纪的头十年迁徙，信息架构仍在继续进化。除了线框之外，我们使用所有的工具和方法去研究用户、检验想法、化繁为简。在可用性之外，我们走得更远，努力去改进可检索性、可访问性、可靠性和其他关乎用户体验的品质。

图 1-3 用户体验的蜂巢

一路走来，我们的从业环境也在发生变化。网络搜索和搜索引擎优化（SEO）把网站搞得乱七八糟，人们的注意力从网站首页转移到可搜索的社交对象的设计，它们既是终点又是入口。简言之，我们开始筹划开展多元化的业务。

我们有选择地拥抱Web 2.0，学习设计规范、框架和所参与项目的架构，我们开始设计用于移动端的地图、跨平台的服务和用户体验，以帮助我们的客户和同事看到并理解什么可能、什么值得拥有。

我们意识到，在现代的跨平台用户体验和产品服务系统中，单独设计分类、站点地图和线框越来越没有意义，必须也要同时绘制客户路线图、为系统动态建模，并分析其对商业流程、激励和组织架构的影响。

随着我们实践水平的进化，以及传统信息架构和当代信息架构的鸿沟越来越大，同仁们极力想要解释它，以至于我们赢得了一个标签：dtdt（defining the damn thing，给那该死的东西一个定义）。尽管对我们钻牛角尖的指责不无道理，但它是必要的、富有成效的抗争，可以帮助我们摆脱"Web中心论"的世界观，从而更青睐"去媒介化"的视角。

安德列·拉斯米尼（Andrea Resmini）和卢卡·罗萨蒂（Luca Rosati）用他们的普遍信息架构宣言带领我们走向独立。

> 信息架构已成为生态系统。当不同的媒体和不同的环境紧紧交织在一起时，没有人造品可以作为一个孤立的实体存在。每一件人造品都成为一个更庞大生态系统的一个元素。

不久，有更多新的声音加入他们。豪尔赫·阿朗戈（Jorge

Arango），一位受过传统训练的建筑师，对旧喻又赋予了新意。他认为，建筑设计师运用形式和空间设计居住环境，而信息架构师用节点和链接创造理解环境。安德鲁·欣顿（Andrew Hinton）要求我们透过具象认知的镜片去观察，数字建筑与传统建筑一样，每个字节都是真实的；透过镜片我们还能看到：语言即环境，信息即架构。丹·凯利（Dan Klyn）启发我们通过学习理查德·沃尔曼（Richard Saul Wurman）[①]毕生的作品以及专注于信息架构的架构部分以"制作良品"。

对于我们学科发展方向所涌现的观念的深度和广度，我激动不已，但我担心我们可能失衡。在构建场所的满腔热情中，我们一定不能忽略架构中的信息。我们在架构设计方面的优势必须与管理信息流、反馈闭环和激励指标的能力相搭配。

最要紧的不是我们创建了什么，而是我们做了哪些改变。这正是我写作本书的原因。我想学习、理解和澄清系统信息的本质。在某种程度上，本书的内容是关于跨越 Web 的局限。移动互联网和物联网正在推倒横亘在实物和数字之间的屏障，创造新的信息流和闭环。

---

① 译注：理查德·沃尔曼（Richard Saul Wurman），美国知名建筑师、平面设计师，"信息架构"（information architecture）一词的创造者。

这本书也谈到如何用新眼光看待旧事物。我们的网站不仅仅是营销和沟通的渠道，它们已成为丰富多彩、充满活力的地方，很多工作得以在这里完成。网站是改变其性质的组织机构的延伸。要管理它们，我们必须解决输入输出、反馈闭环、衡量指标、管理和文化的问题。

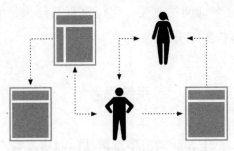

图1-4 网站是组织生态系统的一部分

但这还不够，我们必须把眼光放长远。生命太短暂了，不能仅仅把精力聚焦于如何做好生意。错误信息、虚假信息、过滤器故障和信息文盲导致了糟糕决策和焦虑不安，整个社会都受累于此。我们不能指望科技来救世。

尽管互联网已经给消费者和工商业带来了巨大改变，但类似的颠覆还没有发生在教育、医疗和政府机构。我们已经开始学习自由的代价。近年来，我们开始失去报纸、书店、图书馆和隐私。如今，我们在广告的汪洋大海中搜索答案，谨慎地（或随意地）盘算着该往哪儿看、该相信何人何物。

这些邪恶的问题并非全无解决之道。没有一个领域能通晓所有答案，但大家联手就能做得更好。这就是我在本职之外撰文讨论系统信息本质的原因。它不全是关于信息架构，并且我已远离图书馆研究院。但是这个询问很重要，连接自有其结果，信息改变一切。这也是我乐意旅行的原因。

系统思考

我在硅谷，正坐在一辆出租车里驶向酒店。哦，不对，其实我在搭顺风车，并且打算和一个叫索菲亚的陌生人睡在一处。好吧，这也不太对。但这就是我们11岁的女儿如何向我太太解释我尝试Uber和Airbnb的过程。

是的，我又在折磨自己。我现在是圣何塞州立大学（San Jose State University）图书馆和信息科学学院的顾问，从2009年开始，学院课程采取100%的在线模式。具有讽刺意味的是，我到这儿来却是为了参加一场面对面的会议。我打算趁着去加州的机会尝试一下声名狼藉的分享经济。

所以，我不是在出租车上，我也没有在搭顺风车，我在一位叫古斯塔沃（Gustavo）的Uber司机驾驶的黑色市内汽车上。我是通过手机应用叫的车。我必须承认，看着那个黑色小车的图标开往我的住处还挺有趣的。见面之前，我对司机已略有了解，他通过了Uber的汽车保险和背景核查，还获得了五星评级。车价很公道，我用手机做了支付。到达目的地后，我可以给他的服务评级，甚至还能写一段点评。当然，在我给古斯塔沃评级的同时，他也能给我评级。这对我很重要，因为Uber司机经常会忽略那些三星及以下评级的用户下单。因此，如果我是个讨厌鬼或者给了司机差评，他可能会以牙还牙，让我尝尝叫不到车的滋味。系统并不完美，出租车也是。

我们都经历过打车或排队等车的痛苦，我们都忍受过粗鲁无礼、车技糟糕、开车迷路的出租车司机；但并非所有人的痛点都相似。几年前，有一次在华盛顿特区，我帮一个朋友打车，一辆出租车在路边停靠下来，但当司机发现我的朋友将一个人单独乘车时，还没等她上车，司机就一溜烟地开车跑了。我很震惊，朋友则一脸淡然。作为一个黑人女性，她此前已有过类似遭遇。这种偏见在黄色的出租车世界几乎是无形的，但在Uber的系统里却无处遁形。Uber建立了一套新的"信任架构"，重塑了乘客和司机之间的游戏规则和关系。

这些信息系统的设计很复杂。在载客前，Uber的司机和乘客可以互相查看对方的评级，双方可以根据对方的星级评级选择是否叫车或接单。行程结束后，司机可以看见乘客给他们的评级，但看不到点评；乘客则无法看到司机给他们的评级和点评。Uber告诫司机们不要向乘客索要五星评级，也不要质疑乘客们的差评，但上述行为确实都已经发生了。必须要有持续的调节，才能维持隐私和透明之间的平衡，以获取系统中的最佳表现和信任。

图1-5　拼车服务依赖信任和评级

尽管面临着诸多挑战，Uber还是搭建了一个整合手机、社交网络和GPS（全球定位系统）的平台，成为传统运输业的搅局者。在全球各个城市中，因为定价暴涨、诉讼和罚款引发的愤怒正招致负面反弹的背景下，Uber的成功是显而易见的。有趣的是，他们的防守策略都围绕着行业分类。Uber坚称自己既非出租车公司，也不是豪华车服务供应商，他们只不过是把司机和乘客匹配在一起罢了。他们不应受既定的管理条例、执业许可或保险要求的影响。

Uber并非这场争论的唯一主角。他们也面临着竞争。比如，有一家叫Lyft的公司，提供"个人对个人"的拼车服务，司机不收取"车费"，只接受乘客的"捐赠"。Lyft鼓励乘客坐在前排座位，跟司机对碰一下拳头。他们的口号是"Lyft，你有车的朋友。（Lfty, your friend with a car）"我们还需要更多的证据来证明Lyft不是一家出租车公司吗？

与此同时，出租车公司并没有原地踏步。他们也开发了电子打车应用，让用户通过移动设备预定普通的出租车。简言之，从诉讼到竞争，Uber面临很多问题。这也在预料之内，破坏式创新不可避免会激发争议。

或者，用约翰·高尔（John Gall）的话说："系统总会回击。"在系统学领域，一本诙谐自大的书于1975年出版，高尔借用垃圾收集的例子解释，当我们创造一个系统去实现一个目标时，一个新的实体随之诞生：系统自身。

> 在建立起一个垃圾收集系统后，我们发现自己面临着一大堆新的问题。这些问题包括：与垃圾收集者工会的谈判、费率、工时、极寒和下雨天的垃圾收集、垃圾车的购买和保养、税率、债券发行、投票人的冷漠、从废物中分

离垃圾的相关法规……如果垃圾收集者在更严苛的垃圾定义上讨价还价，拒绝捡拾树枝、废料、老路灯，甚至对打好包但放错回收箱的垃圾弃之不顾，纳税人可能会把垃圾偷偷倾倒在高速公路沿线，这是勒夏特列原理①的充分体现：系统趋于走向自己正确功能的反面。

这正是我们的社会需要破坏性创新的原因。反应迟钝的系统理应被撼动。但是，如同上述垃圾收集的例子一样，变化是凌乱的。类似Uber这样的破坏者引发了反击，并且他们都建立了新体系，新问题随之出现。所有这些变化导致了难以预测或控制的意外结果。

面对变化，我们从不会表现得完美无缺，但我们可以做得更好。前进的路径之一是通过系统性思维，这是一种旨在理解部分如何与整体产生关联的方法。我们都熟悉亚里士多德的名言："整体大于部分之和。"但是我们多久才会把它应用于实践一次？在处理我们各自那一部分之前，我们多久才会花一次时间去理解整体？

---

① 译注：勒夏特列原理，the Principle of Le Chatelier，又译为吕·查德里原理或平衡移动原理，是一个定性预测化学平衡点的原理，其内容为：化学平衡是动态平衡，如果改变影响平衡的一个因素，平衡就向能够减弱这种改变的方向移动，以抗衡该改变。也就是说，对于一个在特定条件下达到平衡的体系，假设条件发生改变，这个平衡就会朝减弱该改变的方向移动。

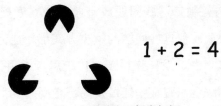

图 1-6 整体大于部分之和

  这绝非易事。我们的社会是按照相反的原则组织运行的，信奉的是"整体等于部分之和"。简化论主张，可以通过学习局部的方式了解整体。这最早由古希腊人提出，后由17世纪的法国哲学家勒内·笛卡儿（René Descartes）将其正规化。在接下来的科学和工业革命期间，简化论和专业化大获成功，并已深深烙印在我们的文化之中。在学校，我们把知识分门别类，把孩子们分成不同的年级。在企业，我们把各式专家安置在写字楼里，一季度汇总一次业务进展。分类之于人类，就像水之于鱼，它如此普遍而"自然"，我们甚至没有觉察它的存在。

  重申一次，分类并不都是错误的。简化论确有其价值，事实上，它的价值却正是其问题的一部分。成功会蒙蔽我们做出选择，我们已经到了极限。通过专业化优化效率，最终将危及整体的有效性，此外，一些问题也无法通过局部加以解决。经济波动、政治腐败、犯罪、毒瘾、生活方式病（lifestyle disease）和环境恶化都是系统性的问题，没有人刻意制造这些问题或是希望任其发展。它们由系统生成，任何期望快速修复这些问题的解决方案都是徒劳的。

这时，系统思考就发挥作用了。传统思考运用分析法破解事物，而系统思考依靠综合法观察整体以及局部之间的互动；系统思考和商业管理的先锋罗素·艾可夫（Russell Ackoff）解释道：

> 系统思考的着眼点在于关系（而非无关的对象）、连接性、过程（而非结构）、整体（而非局部）、系统模式（而非内容）和环境。系统思考也要求在观念上做出若干转变，这将导致不同的教导和组织社会的方式。

有一类颠覆层面的系统思考带有些许危险和风险，关于变化的讨论能对其进行压制。我们不能让每个人都用这种方式思考，但有时我们需要激进分子和企业家，他们能把系统视为自身问题的源头，并对其进行重组。

进步的取得依赖于那些知道一定有更好改进方法的人。

这些变革的原动力经常存在于信息系统之中或其周边，因为我们交流的工具是变革的有力杠杆。著名的系统思想家和环保主义者德内拉·梅多斯（Donella Meadows）解释道：

> 系统中的一些相互连接是实际的物理流动。例如树干中的水，或是学生们穿过一所大学。很多互连是信息流——系统内部可以主导决策和行动的那些信号……信息将系统整合在一起。

在《系统之美》(*Thinking in Systems*)一书中，德内拉明确指出，系统中的绝大多数问题都可归咎于有偏见的、延迟的或者缺失的信息，而添加或者修复信息往往是最有力的干预。只要改变延迟的长度，就可能从根本上改变系统行为，导致系统矫枉过正、震荡，甚至是彻底崩溃。反馈闭环是系统信息设计的核心。

德内拉讲述了一个很棒的关于荷兰房屋里电表的故事。在20世纪70年代，阿姆斯特丹附近新建了一个小区，里面的房子除了电表的位置外，其余都一模一样。一些房屋的电表在地下室，另一些房屋的电表安装在前厅。经过一段时间，电表在前厅的房屋消耗的电量比电表在地下室的房屋少30%。她将其描述为"系统信息架构中一个高杠杆点的范例。这不是参数的调整，不是现有反馈闭环的加强或削弱。这是一个新的闭环，向它此前从没到过的地方传递反馈。"

这正是信息架构可以产生深远影响之处。我们的用户研究和利益相关者访谈点明了机遇：什么值得拥有，遇见了什么是可能的。我们已经身处绘制互连和信息流的事务中。如果我们花费一些时间去理解系统信息的本质,就能用链接、闭环和杠杆的正确组合塑造深远的变化。

当然,单是我们了解了还不够,我们还必须说服客户和同事去了解。作为信息架构师,我们要学会揭示界面背后的基础架构,我们是运用方框和箭头把不可见变为可见的专家。可视化是我们与德内拉这样的系统思想家共同的需求,她对此解释道:

> 只使用语言讨论系统会产生一个问题。单词和句子必须按照线性和逻辑顺序一次输出一个,但系统会并发,它们不仅仅是在一个方向上的连接,而是同时在多个方向上。要恰当地讨论这些问题,有必要使用一种与正在讨论的现象有一些相同特性的语言。

两类工作都依赖于视觉化的语言进行分析和设计。我们信息架构师因站点地图和线框图而知名,系统思想家们的首选工具则是存量-流量图。

图 1-7 一个简单的存量–流量图

最简单的"存量-流量图"只使用存量（元素）和流量（流入和流出），复杂的模型还整合了反馈闭环、限制、促进增长的延迟、自我组织、等级体系、震荡、动态平衡、弹性和崩溃。这个简单的语言可以描述最复杂的现象。

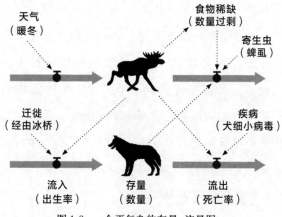

图 1-8 一个更复杂的存量-流量图

当然，图表越复杂，越难以理解。制作地图的过程帮助我们跨越局部的限制而得以窥见全貌，但是这种鸟瞰的方式并不适合所有受众。我们往往必须力求简单的视图，它们能化繁为简，聚焦注意力，将观念和认知转化为果断的行为。

不管是哪种方式，我们都不能将行为局限于方框和箭头。无数的方法可以将系统及其众多可能性进行可视化。德内拉可能夸大了她的案例，因为尽管一次只能输出一个单词，它所讲述的内容经常是非线性的。好的故事往往蜿蜒曲折，它们汲取我们的记忆、联想和情感，创造出丰富的感官体验。文字往往是描绘一幅图画的最好方式。

在《美国大城市的生与死》(The Death and Life of Great American Cities)一书中，作者简·雅各布斯(Jane Jacobs)非常出色地做到了这一点。在没有图片的文本中，她帮助我们将城市看作一个系统。她的文字给人行道、公园和邻区赋予了生命。简告诉我们，为何传统地图不利于城市规划。地图专注于道路和建筑，展现了城市的骨架，但遗漏了节点。在城市多用途的组合中、在它孕育的生命和活动中、在其产生多元化的条件中，城市的结构展露无遗。要看到和改善我们的城市，我们必须使用不同的视角。

想象黑暗中的一大片田野。田野中，许多火团在燃烧；它们大小不一，有些很大，另一些很小；有些离得很远，另一些则星星点点连成一片；有的越烧越旺，有的正在慢慢燃尽。每一团火，不管大小，都将其光芒辐射至周边的黑暗，从而雕刻出一个空间。但是空间和空间形状的存在只取决于火光对它的创造。黑暗没有形状或图案，除非它被火光雕刻成空间。当火光之间的黑暗变得浓厚、不可捉摸且无影无形时，赋予它形状或架构的唯一方法是在黑暗中点燃一团新火或者尽力让距离最近的那团火烧得更旺。

我们都已感受到人口稠密的城市街道的温暖和活力，我们也感受到身在寒冷、黑暗和迷失之地的恐惧。简的文字帮助我们看到，为何这张图片（而非一幅传统地图）是进行城市规划的正确框架。这是一段非常规的文本，解释了为何贫民区永远会是贫民区、为何交通会越来越糟糕；因此，简·雅各布斯是一位系统思想家一点也不奇怪。

把功能秩序的复杂系统视为秩序，而不是将其当作混乱，需要一定的理解力。秋天从树上飘落的叶子、一架飞机引擎的内部结构、一只被解剖的兔子的内脏、一份报纸的本地新闻部，在没有理解力的人看来，它们似乎都是一片混乱。一旦它们被视为有秩序的系统，它们实际上看起来就会不同。

简·雅各布斯在1961年出版的这本书是对常规城市规划的一次抨击，也是对系统思考的一次完美例证。简把城市视为组织复杂性中存在的问题，混乱的局部相互关联，形成一个有机的整体。她相信好城市能在街区层面孕育社交活动。在城市里，人们可以散步、骑自行车和乘坐公共汽车。好城市可以让人们彼此交谈，住宅建筑有门廊，人行道和公园有长椅，和睦的邻里益处多多，还能全天充当"街道安全巡视员"。简的愿景充满希望，为此她具有了很大的影响力。她的著作成为城市研究的必读书，她的理念成为主流观点。因为她，我们的世界变得更宜居。

遗憾的是，并非所有城市都接收到了她的信息。当我坐在黑色的Uber汽车里，游弋在圣何西（San José）的高速公路上，我被城市无序扩张的景象所困扰。在这样一个地方很难有宾至如归的感觉。但让我不自在的不仅仅是写字楼和商业街，我有点担心与索菲亚的会面。我不参与分享经济的部分原因在于我是一个性格内向的人，也是一个害羞的人。住酒店要简单得多，侍应生除了打声招呼外，很少会再跟你说话，但Airbnb不同，我要跟房东一起住在家中，这就像跟一位你不认识的朋友凑合住在一起。

当然，很多人强烈推荐索菲亚，她有一个五星评级和几十个好评留言，我根本用不着担心安全问题。虽然我不确定是否想让我的女儿们也成为Airbnb的房东，但对索菲亚而言，我不是一个完全陌生的人。她已经浏览了我的个人简介、推荐人和Facebook账户，她知道我有一个经过认证的ID，Airbnb有我的家庭住址、电话号码、信用卡和驾照资料，我已经尽最大可能摆脱"无名氏"的状态。她的房子则受到100万美元"房东保障金"①的保护。Airbnb已着手投资搭建一个信任架构，以助力他们安全地拓展业务，服务于世界各地数以百万计的房客。

图 1-9　Airbnb的信任架构

但是与Uber一样，他们也有烦心事。在纽约，Airbnb已经被宣布为非法，房东上缴了大笔罚款；在巴黎，房东无意中将房屋出租给妓女，后者把住家当作了妓院；在全世界，原本的单户住宅频现陌生

---

① 译注：根据公布在Airbnb官网上的信息，如果发生受保障房源遭受房客破坏的罕有情况，且破坏超出了保证金的金额，或者如果房东没有设置保证金，Airbnb房东保障计划将为房东提供高达100万美元的保障。

人的身影，让邻居们备受困扰。当然，酒店业也很恼火，他们正在丢失生意，因此坚持要求严格执法。

所有的创新都会带来意外结果，并且系统总会回击。当我们将信息带往下一个层级时，这些都是我们必须注意的教训。移动应用软件不是产品，它们只是服务的化身，用以将用户连接至商业生态系统；网站也不是产品，它们是系统中的系统。正因为如此，内容管理比垃圾收集更为难缠，信息架构师同时也必须是系统思想家。当战略和架构遇到人和程序，我们的地图必须服从变化，因为事情很少按计划进行。

干预

最近几年，我有幸与我们国家历史最悠久的文化机构——国会图书馆共事。作为一名图书馆学院的毕业生，有机会向全球最大的图书馆提供咨询服务，没有比这更棒的事了。然而，我们的关系从一开始就不顺利。

我受邀对国会图书馆的网站现状做出评估。为此，我进行了一个全面的研究，包括用户研究、利益相关者访谈和专家评审。我发现国会图书馆有超过100个网站，许多网站有独立的域名、标志和导航系统。大多数用户绝不知道这些网站各自的用途。

我直言不讳地写了一份报告,把国会图书馆零散的网络现状与加州著名的"温切斯特神秘屋"(Winchester Mystery House)相提并论,后者持续建造了38年。显然,住在那里的寡妇被一名巫师告知,房屋建造一旦停止,她就会死去。温切斯特夫人去世的时候,"神秘屋"一共有160个房间、40座楼梯、467个门道,但就是没有设计图。这不是一个毫无吸引力的住宅,任何一个房间的景色都很正常,但作为一个整体,它是一个可寻性的噩梦。

因此,在数周的工作后,我飞往华盛顿特区开一天的会,准备在会上公布我的研究结果和改进建议。但甫一抵达,客户便告诉我,报告已被扣押,会议也被取消了。主管们担心我的评估报告会让负责网络的同事们感到难堪。我被告知:"报告很棒,我们同意你的结论,但现在还不是时候。"

我对此感到惊讶和失望,但对自己所做的工作感觉良好,并继续与国会图书馆在一些小项目上合作。我也在反思究竟发生了什么,但发现从我所处的位置根本无从解决问题。我曾经受雇于某大型服务机构的一位中层经理,在这样一个大型组织中,你无法从一个岗位内部改变系统。问题已经如此明了,但却没有解决的途径,真令人痛苦。

接着，几个月后，让我惊讶的事再次发生。那份报告已通过图书馆最终得以呈现给最高管理层，执行委员会决定，是时候改变图书馆在网上的运行方式了。他们成立了一个网络战略委员会，成员们来自所有重要部门，并邀请我参与一个数字战略和信息架构的创建。这是一个巨大的、跨部门、多学科的挑战，一次真正令人兴奋的经历。虽然现在判断我们的愿景能否实现还为时过早，但我们已经取得了重大进步。

这是一个令人意外的成功故事，但它同时也发出提示：我们的工作依赖于令人鼓舞的文化环境。我很幸运，国会图书馆已做好改变的准备。我之所以得出这个结论，是因为我痛苦地发现很多机构还没有做好准备。比如，若干年前，我和一家社区大学一起对他们的网站进行重新设计。当我跟高管们沟通时，我向他们解释课程目录和教职员工名录是学生们的浏览体验中最重要也是最残缺的部分，并且拿出了一份改进计划。接着，校长礼貌但坚决地告诉我，这两项都不在议题之内，课程目录由一家供应商负责管理，修改的费用极其昂贵，而改变教职员工名录则有可能惹恼老师和他们强大的工会，所以还是维持现状的好。我们重构了整个网站（我得说，效果很棒），但没有触碰它最敏感的部分。

法规是文化的产物，这是我20年来从事咨询行业学到的最重要的一课。四两拨千斤的事不是不可能发生，但是当它波动的时候，总是非常缓慢地发生。正因为如此，我用一双面向更广泛生态系统的通才之眼去平衡自己在信息系统的专业倾注。信息架构是一种干预，它会搅乱一个成熟的系统，为了创造可持续的变化，我们必须寻找大小合适的杠杠。如果我们向文化开战，它会回击，而且往往会获胜，但如果我们看得更深一层，如果我们对自我改变持开放态度，我们可能会看到文化如何帮助我们。

比如，信息架构师经常与敏捷软件开发社区口中的"大规模预先设计"（Big Design Up Front）联系在一起。事实上，在互联网的早期，我们的线框能很好地融入瀑布模型的顺次流程中。我们在设计师和开发人员被卷入项目之前就为网站制作好了蓝图，我们中的很多人倾向于一个更具协作性的迭代流程，但却被管理层按部就班的计划所束缚。

从那时起，环境就已经发生了变化。尽管我们仍在规划新网站，但我们的很多工作都是衡量和提升已有之物。比如，当我们做一个响应式设计优化，我们知道仅有线框是不够的，所以我们与设计师和开发人员一起制作 HTML 原型，我们可以在许多设备上对其进行测试。我们学会了与同事合作，用多种方式工作，因此，在一个深层次的水平，信息架构实践与敏捷原则之间并不存在紧张关系。事实上,作为一名信息架构师,我发现"敏捷宣言"与我相关,并且颇具启发性。

> 个体和互动高于流程和工具,
> 工作的软件高于详尽的文档,
> 客户合作高于合同谈判,
> 响应变化高于遵循计划。

敏捷开发与系统思考应高度契合,不是说我们不应该从计划和流程开始,两者仍非常重要,但是,今天的网站和服务相当复杂且充满变数,倾注大量的观察和迭代是调整整个系统的唯一方法。

这个"系统友好"哲学也是顺应软件精益生产的原因。在20世纪50年代,丰田汽车想通了如何通过采用现在被称为精益的方法去避免大规模生产的陷阱。在设计上,所有相关专家在一开始就被卷入项目,因此,关于资源分配和优先级的冲突在早期就被解决了。在生产上,主管们发现,通过将工人们分组、授权给每个工人叫停生产线的能力,他们可以更快速、更有效地识别、修复和防止错误的发生。工人们不再是机器上的一颗螺丝钉,而是通过运用"五个为什么"系统性地跟踪每个错误的根本原因,并进而解决问题。同样,供应商们理应在"看板法"①零库存供应系统中协调零件和信息的流动。这种透明性确保了每个人都知道一个缺失的零件足以让整个系统停止运转。总之,主管们给了工人和供应商前所未有的充足信息和责任,因此他们可以为持续和渐进的改善做出贡献。这一策略奏效了,产品质量一路飙升,丰田成为世界上最大、持续成功时间最长的工业企业之一。

众所周知,近年来埃里克·莱斯(Eric Ries)②采用了精益法解决软件初创企业令人头痛的问题:

如果我们生产了一些压根没人想要的东西怎么办?他主张使用"最小可行性产品"③作为"构建—测量—学习"这一循环的中心,使得最低成本的实验得以实施。通过销售早期版本的产品或服务,我们可以从客户那里得到宝贵的反馈,这些反馈不仅仅是关于它是如何设计的,而是市场究竟想要什么。这是一个整体分析法,它意识到一些虚荣指标(比如用户总量)的风险。埃里克对此解释称"优化系统的一个局部必然危害整个系统"。这是我们每个人都应该从精

---

① 译注:看板法指的是企业为降低原材料或零部件的仓储成本,在生产需要前夕才进货的制度。
② 译注:埃里克·莱斯(Eric Ries),IMUV联合创始人及CTO,著有《精益创业》(*The Lean Startup*)一书。
③ 译注:MVP(Minimum Viable Product),指创业者应该用最快的速度、最小的资源制作并发布一个最轻量级的可被用户试用的产品,再根据用户的反馈进行优化和革新。

益法则中学到的一课。

敏捷开发和精益法则都是对复杂性的回应,并给我们的工作带来了价值。但问题在于,它们已经变得太流行了。对创业者而言,它们的普适性都有局限。当我们用软件和创业公司的视角观看万物时,我们就失去了外围视野。信息系统不仅仅只是代码,它们也关乎内容和文化。我们必须仔细挑选参考框架,因为解决方案的形成在于我们如何定义问题。

这一步常常被挽起袖子准备大干一场的团队所忽略。我们正身处一个失衡的时代,群体智慧淹没了个人洞见,但两者我们都需要。我们应该拥抱团队合作、原型、反馈和迭代,但我们也必须使专家们参与研究、策划和设计。

我们都知道用笨方法学习是一种什么样的体验,我们永远不会忘记碰到火炉的那一刻。起初,我们通过经验进行学习,但很快我们就意识到跨时空的信息和沟通的价值。我们不需要被火烧过一次才能学到东西,我们可以观察、倾听、阅读、思考,然后规划一条路径绕开疼痛。在我第一次背包旅行时,我可以带上点儿干果和龙舌兰酒进入罗亚尔岛的荒野之地,然后当我有需要的时候再搞清楚到底忘带了什么。但我的学习方式没有受限于试错,多亏有了图书和互联网,我的装备清单里有帐篷、睡袋、火炉、叉勺、小刀、指南针、手电筒和急救箱,哦,我还有一个评分极高的滤水系统,它有一个0.2微米的过滤器,能有效对抗细菌、原生动物和寄生虫。就"吃一堑,长一智"而言,背包旅行一直都充满乐趣,直到发现有背包客的大脑中生了幼虫囊肿。

  如果不是从专家那里学了几招,并提前做好计划,就这么走进荒野之地的话我早就要疯掉了。从事互联网工作也是一个道理,避免致命错误的最佳方式是先从一个好的计划开始。尽管在这个过程中团队有自己的角色,但必须有人起领导作用。团队在数量上可能会有优势,但是理解力、创造力和综合分析能力存在于个体当中。"天才设计"这个词有误导,没有人需要一个摇滚明星。但是偶尔,我们的确需要一个制图师,他能够花时间去调查系统、发现隐藏的路径和强大的杠杆,并分享与团队学习的收获。有时,制图师必须在寻找新大陆的过程中忍受孤独,但这项工作的大部分都与社交相关。我们的系统主要是人,这意味着,如果没有同理心,我们的专业技能将一无是处。所以我们研究用户,访问利益相关者,正如德内拉所建议的那样:

  在你以任何方式扰乱系统之前,观察它的运行方式。如果它是一首歌曲或一段湍流或一次商品价格的起伏,研究它的节奏。如果它是一个社会系统，观察它如何运行，学习它的历史。让那些待的时间足够长的人们告诉你到底发生了什么。

作为一名信息架构师，我总是先观察和倾听，因为理解是我工作的重中之重。客户们经常不知道什么是错误的，我不解决症状，而是探寻诊断结果。设计是一种干预。为了遵循希波克拉底（Hippocrates）①的智慧，我们应该力求"无害第一"（first, do no harm）。当然，什么都不做也有风险，因此，我们做研究、定计划，但也制作、测试原型和最小可行性产品。

几年前，我曾帮一家机构做网站改版，该机构员工对待社交媒体的态度有着严重分歧。年轻员工很卖力。事实上，一名年轻员工曾表示"我在《连线》杂志上读到一篇文章，宣称Web已死，那么我们为什么还需要一个网站？我们可以在Facebook上做任何事情。"相比之下，年纪大的主管们没时间看Twitter。"我不需要知道你们所有人早餐吃的是什么。"一位高管说。拥抱社交媒体的需求是真实的，但恐惧和无知也同样真实。

---

① 译注：希波克拉底（Hippocrates），约公元前460—前377年，古希腊医生，被誉为医学之父。

我们本可以在网站改版时不考虑社交元素，这么做也不会遇到什么阻力，但我们没有这么做，而是拿出了一套富含理解和行动的计划。第一步是教育，我们给员工们组织了一次午餐讲座，还与总裁进行了单独会谈。在这两场沟通中，我向他们解释了在多渠道沟通策略背景下的社交媒体平台价值，多渠道沟通策略旨在用倾听和对话平衡单向的信息播送。

我们一起品评了其他类似机构是如何使用社交媒体的，讨论了其风险以及如何降低风险，计划奏效了。当我们推出网站时，也同时推出了社交媒体。一年后，因为时间和兴趣的匮乏，我们把博客下线了。总体而言，这是一次成功的改版，员工们学到了很多有关社交媒体的知识，他们很享受与客户和合作伙伴互动的新方式。

项目开始时，社交并不在计划之内，不过，我们能够敏捷地观察、倾听和响应。当我们制定社交媒体战略时，我们知道自己可能会出乱子，但是，遵循精益法则，我们做好了建设、测量、学习和重复的准备。我们研究系统，制作蓝图和计划，但也愿意推出新品和学习。我们找到了一个适应环境的平衡点，我们选择投资于社交媒体以创造新闭环，这是一个有力的干预，可以通过帮助员工向顾客学习来改变系统。

信息架构是导致干预的合成行为。我们不能盲目行动，但过度分析也很危险。正确理解此事非常重要，它不仅仅只是与网站有关，我们必须努力工作以理解系统信息的本质，因为信息系统改变一切，包括大自然。

想想我为之冒险的小岛。罗亚尔岛距离遥远，它还是关于干预这一话题的争论对象。自从岛上的狼群面临灭绝的危险，一些科学家就主张用"遗传拯救"的方法缓解近亲繁殖的问题，其他人则提出在狼群灭绝后引进新的狼种。两种思路都与荒野政策和不干涉原则背道而驰。这个岛早已被人类过度干扰。在史前时代，当地人在岛上开采铜矿，接着它又被商业伐木工们接管；现在，它是国家公园。我们的本意是想让它自生自灭，但各类意外的确发生了，譬如，那条给狼群带来致命病毒的狗。此外，虽然麋鹿能从岸边游弋长达2千米的距离，然而新狼群到达小岛的唯一自然路径就是那座冰桥。但由于全球变暖，冰桥再现的可能性已经越来越低。

我们也远非刚正不阿，这不全是因为我们关心自然，许多人要靠着世界上耗时最长的"猎物－捕食"研究谋生。该研究获得了来自国家科学基金会的资助和外延服务，包括书籍、视频、讲座、科学论文、报纸文章、网站、博物馆展览、艺术，以及对密歇根州居民的调查，因为可能还会有统计投票的工作。这些来源既不公正也并非无关紧要。信息支配干预，是链接制造了循环，所以这不只是关于一个网站或是一个岛,万物相连。我们思考系统信息的方式改变一切,我们的想法改变世界。我们最好知道自己在做什么。

信息素养

我站在牛津大学跑道上,手表显示6分4秒2,我感觉很不舒服,事实上,我几乎不能呼吸。我来英国做一个会议发言,期间心痒难耐,忍不住来跑道上一试身手。1954年5月6日,罗杰·班尼斯特(Roger Bannister)曾在这个跑道上以3分59秒4的成绩跑完四圈,成为历史上第一位在四分钟内跑完1英里(1.6千米)的运动员。

几年前,我第一次参加马拉松训练的时候,深受他的故事的启发。在搜寻跑步技巧时,我偶然在图书馆发现了一本叫作《完美英里》(The Perfect Mile)的书,并被它封面上的承诺所吸引。

曾经有段时间,在四分钟内跑完1英里被认为是人类难以企及的速度,在所有的运动中,这是难以赢得的圣杯。1952年,在赫尔辛基奥运会失败后,三名世界级的赛跑运动员都立志打破这一樊篱。罗杰·班尼斯特(Roger Bannister)是一名年轻的英国医科学生,他是业余运动员的典范：跑步不仅是为了获胜，也是为了实现崇高的自我追求。约翰·兰迪（John Landy）来自一个有教养的澳大利亚家庭，这个出身优越的男孩喜欢收集蝴蝶胜过跑步，但为了锻造身体完成这个非凡任务，他在一种几乎是精神尝试的过程中进行了不懈训练。然后是韦斯·桑蒂（Wes Santee），一个傲慢的美国堪萨斯农场男孩，他是一个天生的运动员，自信高人一筹。跨越三大洲、不畏艰难，三位运动员的追求让全世界为之着迷。

当我读这本书的时候，我开始意识到，在他们的追寻中，信息和竞技所占的比重一样多。三大洲的三个人在同一时间准备打破樊篱，这并非偶然。他们并不比那些挑战失败的人跑得更努力，但他们跑得更聪明。他们奔跑的催化剂是现代科学和出版业的奇迹。在古罗马，顶级的运动员不允许喝水和做爱，奴隶们鞭打他们的背部直到血流不止，为的是增强他们对疼痛的容忍度。在17世纪的英国，赛跑者为了提高速度会把自己的脾脏切除，做这个手术对提升跑步速度没有任何效果，但每五例就会有一人死亡的可能。但是到了20世纪，训练显然变得非常科学，而且每一次进步都会很快传遍全世界。作为一名医科学生，班尼斯特比大多数人都更加从中受益。他的阅读不仅限于文学,他对自己训练的效果进行研究。他逐渐精通了动脉二氧化碳分压、血乳酸、肺通气和颈动脉化学感受器。他学习得越多,就跑得越快,直到他打破那看似不可突破的樊篱,从此青史留名。

半个世纪后,当我为准备底特律马拉松而进行训练时,已经没有必要在自己身上做实验了。我擅长用图书馆和互联网的能力是一个巨大优势。很多马拉松选手每周的训练强度达50~100英里。这些训练项目让人筋疲力尽,耗时巨大,还经常会对身体造成伤害。我知道这些项目并不适合我,所以我做了很多研究,并且发现了一本完美的书《跑得少一些,跑得快一些》(Run Less Run Faster),再加上一个科学的训练计划,最终,我以3小时8分53秒的成绩完成了底特律马拉松。通过每周只跑三天的训练,我还获得了波士顿马拉松的参赛资格。公平地说,这个过程并不轻松,我的哥哥给了我动力,他说我将无法达到目标。但如果不是找到了那本书,我永远不可能成功。

跑步是我们所做的最自然的事情之一,但是当我们增加了正确的信息,我们就能做得更好。我发现这是一个放之四海而皆准的道理。当孩子们让我辅导家庭作业时,我会求助于谷歌。她们告诉我她们已经搜索过了,但我总能找到我们所需要的内容。当她们卡住的时候我成功了，不是因为我更擅长数学，而是因为我更擅长搜索。我在图书馆学院里学到的技能给了我这个优势。当我考虑是否要买车、筹划一次旅行或是解决一个健康问题的时候，自己找到和评估信息的能力是无价的。

令人遗憾的是，大多数人缺乏这种素养。与穿插在K-12[①]课程中的阅读、写作和算术不同，有关信息素养的教育却被忽略了。它并不属于任何一个现有科目，老师们也没有把它纳入课程。这是个大问题，因为互联网让信息素养变得越来越重要，而非相反。当我还是一个孩子的时候，我有妈妈、爸爸和一册百科全书，我信赖他们给我提供的答案。现在，谷歌给我们提供了数十亿个答案，但信任却成了难题。

寻求真理是如此棘手，以至于连图书管理员都会迷路。评估准确性、客观性、趋势和权力谈何容易。在资本主义和互联网的十字路口，越来越难以识别信息背后的利益，不只是翩翩起舞的广告商和政客，连科学都成为被怀疑的对象。当我们不去质疑谁资助了某项研究或谁将获益的时候，我们就有被误导的风险。气候变化是人

---

① 译注：K-12，是将幼稚园、小学和中学教育合在一起的统称。这个名词多用于美国、加拿大及澳大利亚的部分地区。

为原因导致的吗？注射疫苗会引起自闭症吗？乳房 X 光片能挽救生命吗？如果我们无法更好地回答这些问题，我们就有大麻烦了。但是我们要搞清楚，仅有搜索是不够的，我们信息素养的缺失不能仅仅通过消费来解决。请考虑如下这条关于信息素养的定义：

在多种媒体的海量信息源中寻找、评估、创建、组织和使用各种思想和信息的能力。

在信息时代，我们都是信息架构师。内容的创建和组织是核心的生活技能。无论是在家里还是上班，从台式电脑到移动设备，我们管理和做事的能力让我们快捷有效。在今天的跨渠道生态中，信息即是媒介。我们构建得越多，我们的认知力就会越好，而认知力非常重要，即使我们并没有从事信息架构的工作。比如，尽管公司高管可能并不参与企业网站的组建，他们却常要为网站的混乱负责。一家大型医院的 CEO 曾经告诉我，当有人在鸡尾酒会上因网站夸赞她时，她就知道网站的改版成功了。很多网站的错误都源于此类高管的无知。

当然，并不总是这么容易就能找到来源，因为问题既深且散。还记得财富 500 强公司在电子商务上不停地重复犯错吗？那家公司的用户体验小组曾经求我们修改左侧导航栏,"因为那是我们能控制的所有部分了"。我们同意专注于导航上,前提是我们也能解决管理问题。

我开始浏览这家全球排名前列的百货连锁店的网站,我首先要找的是T恤,但我找不到它们。网站上有衬衫和POLO衫,但就是没有T恤,我在想它们对T恤而言是不是太高档了。我差点就放弃了,但是我深入挖掘后发现了原因所在。T恤的链接在上一级目录,除非你早已知道,否则很容易错过。

男装
运动装
运动夹克
外套和夹克
帽衫和抓绒衫
睡衣和睡袍
裤子
衬衫 —> 衬衫
短裤　　　便装
西装　　　正装
毛衣　　　POLO衫
泳装
领带
T恤
内衣

图1-10　神秘的失踪T恤

后来，我问男士商品的业务主管为什么会有这么奇怪的分类方法。她告诉我说，公司鼓励他们尝试，所以一年前她把T恤的类目向上移了一层。T恤的销售量得以提升，这个方法很有效。我则解释称，尽管销售额的增加可能是由于搜索引擎优化（SEO）——将T恤移到登录页可以让它们更容易被谷歌搜索到——但是它们现在更难以被网站的用户找到。我问她为何不将T恤同时放在两个层级，"好主意"，她说。第二天，T恤类目出现在了两个地方。

我相信这个小变化帮我赚到了一笔咨询费。

但这个故事不只与T恤有关。这是规则和文化之间关联的写照。"砖+水泥"的零售模式经受过时间的考验，为了与其保持一致，在线业务被划分成不同部门，每个部门都有对其销量负责的业务主管。这种模式具有真实的力量。每个业务主管都有极大的自由度去尝试选品、促销、页面布局和导航；每个变化都受到关键指标（如转化率、平均订单价值和每客户净利润）的影响。

但是这个方法也有弱点。尽管业务主管们的确了解其所处的市场，然而他们却并不精通信息架构和用户体验的基本原则，他们受关键指标的驱动为局部优化设计。这种狭隘的聚焦行为导致递增优化，它很容易受到回报递减的影响，几乎没有给重大创新留下余地。

这导致了网站的独特分类和导航。男士用品的搜索体验与女士用品和家居用品的搜索体验截然不同。顾客们必须学习多种操控方式和既定惯例。购物体验是割裂且令人困惑的，公司把钱浪费在为各个部门做用户定制设计和发展上。

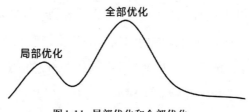

图1-11 局部优化和全部优化

在这个咨询项目中，有很多"低悬的水果"①。作为信息架构师，我们能提供各种各样的方式来提升搜索、导航和整体用户体验。但这些都是针对相关症状的短期解决方案。为了帮助我们的客户不再重复犯错，我们需要解决网站管理的根本问题。对组织架构进行重大调整是不可能的。他们利润丰厚，如果没有危机来袭，根本没有推动重大变革的动力，因此，我们提出三个建议。首先，为搜索和导航建立一个共同的平台，以控制成本和确保一致的用户体验；其次，对业务主管们进行培训，提高他们的信息素养；最后，拓宽用户

---

① 译注：喻指不费力气就能达成的任务和目标。

体验小组在机构中的角色，使其领域不再只局限于左侧导航，这样他们便能与业务主管们在用户研究、全量指标和设计举措上通力合作，从而达到整体大于各部分之和的效果。

这些多层次的挑战很典型。如果缺乏管理，建立正确的信息架构就会变得越来越困难。为了创造可持续的变化，我们必须将信息和系统与文化对齐。这就要求新的素养，只懂设计还不够。我们还必须精通框架转换，这样我们就能从多个层级和视角探索分类、连接和文化。阿基米德曾说过："给我一个支点，我能撬起地球。"作为系统思想家和变革推动者，我们的工作就是寻找杠杆。

对我们中的一些人而言，这项工作顺理成章，我们并非自愿在系统中思考。我们的探究性学习和认知移情的能力是与生俱来的。自从我们还在蹒跚学步起，就用"打破砂锅问到底"的提问折磨别人。但是，不管我们的能力如何，我们可以持续进行提升。如果我们希望了解系统信息的本质，还有很多东西需要学习。此外，框架转换需要实践，当我们陷入墨守成规的窠臼中，就会变得软弱无力，因此，我们必须一次又一次离开我们的舒适区。就像肌肉一样，我们的头脑是反脆弱的，压力会让它们变得更强。在今天这个快节奏的时代，改变的能力就是一种素养。我们能逐渐变得更好，但前提是我们愿意面对自己的恐惧。

每次我开始一个新项目,我都会经历片刻的恐惧。新客户信任我,将旗下业务委托于我,他们相信我能帮得上忙。但如果我不能怎么办?如果我不能回答他们的询问或者解决他们的问题怎么办?如果我知道的东西他们早都懂了怎么办?理智上,我知道这些担心都是杞人忧天。我曾不止一次有过这种体验,但每次都能找到自己的价值,但这不会使我放宽心。通往平静的路途势必历经恐惧,唯一的方法是开始行动。

这正是我如此渴望开始徒步旅行的原因。这是在我即将到达罗亚尔岛的前一天。为了这次旅行,我已经筹划好几个月了。今天,我要驱车九小时从安阿伯(Ann Arbor)一路开到密歇根上半岛(Upper peninsula)的霍顿(Houghton)。这么长一段路可有我愁的了,为了解闷,我试着做一些奇怪的联想以便找找乐子。我在瓦隆湖(Walloon Lake)停了下来回忆瓦尔登湖(Walden Pond)。我也曾经去过那里,在塔夫斯(Tufts)上大学时,有一年冬天夜里,我们尝试着把啤酒、非法入侵和超验主义①的体验混搭在一起。我触犯了法律,也打破了薄冰。我不得不四脚着地爬回岸边,被冰湖的裂

---

① 超验主义(transcendentalism)的核心观点是主张人能超越感觉和理性而直接认识真理,强调直觉的重要性。

纹和呼啸声吓得不轻。但现在，我在海明威孩提时代打发夏日时光的地方吃着午餐，回忆起了我最喜欢的海明威小说之一《丧钟为谁而鸣》(For Whom the Bell Tolls)，它以英国玄学派诗人约翰·多恩（John Donne）冥想的一段诗文开场：

> 没有谁是一座孤岛，
> 在大海里独踞；
> 每个人都是大陆的一片，
> 连成整个陆地。
>
> 如果一块泥土被海水冲走，
> 欧洲就会变小，
> 这如同一方海角，
> 也如同一座庄园，
> 无论是你的还是你朋友的。
>
> 任何人的死亡都使我受损，
> 因为我与人类息息相关，
> 因此，

> 不要问丧钟为谁而鸣，
> 丧钟为你而鸣。

我的童年在英国度过，爸爸常常读这首诗给我听。即使到了今天，这首诗仍能触动我的心弦，但钟声还不够辽阔，因为它仅限于人类。在今天这个充斥气候变化、大规模种族灭绝和生活方式病的更平坦、更肥胖的时代，"没有岛是孤岛"可能是一个更合适的框架。把我们圈在一起很好，但自然也应被纳入其中。

图 1-12　自然应被纳入这个圈子

即使没有可见的桥梁，我们所有的生态系统也都是互联的。当约翰·缪尔（John Muir）说"万事纠缠不清"、泰德·尼尔森写下"万物深度互联"，正是此意。

唯一不变的不只是变化，还有连接性。把它们编织在一起以修复文化是我们这个时代的工作。为了取得成功，我们需要信息和灵感，这意味着我们要前后张望，因为素养既是我们继承的遗产，也是我们建立当下的根基，还是未来传承给后代之物。鉴于目标的模糊性，我们还需要幽默，因为尽管框架转移很繁重（如露营般紧张），这也是一个好笑话的秘密。所以，让我们与分类和偶尔的双关语共舞，因为我们的终点在旅程开始很久之后都不会明朗。

第二章 分类

我自相矛盾吗？
那好吧，我自相矛盾，
我辽阔博大，我包罗万象。

——沃尔特·惠特曼（Walt Whitman）

　　我坐在地板上，盘腿、闭眼，观察着自己的呼吸。一呼一吸之间，心、体和物三位一体，清澈空灵。我停留在这一刻，静修沉思。我知道万物无常，沙洲多于物质（more sandbar than substance），生命的本质是痛苦、受难、欲壑难填。吸入，呼出，"我"消退于"无我"，便没有自我。心志平和，静待顿悟、智慧和涅槃。吸入、呼出，一窥感知过程，感受互即互入，朝向无法言表的深度认知呼吸。然后闹钟响了，我中断了练习。定好的十五分钟到了，该回去工作了。我不动笔，这本书可没法自己完成。

　　那么，在一个有关分类及其结果的书目章节中，佛祖做些什么呢？嗯，对新手而言，释迦牟尼，这个被人们称为佛祖的人，是一位信息架构师。释迦牟尼生活在2500多年前的古印度,他抗拒古板的种姓等级制度(人按尊卑分为四等:婆罗门、贵族和战士、农民和商人、仆人),拥抱普世主义,相信启示是面向所有人的。接着,他创造了新的分类,包括三法印、四谛、五蕴、八正道①。当然,佛祖传授的最艰深、最难懂的本体论是"无我"。

无我的观念违反直觉且令人困扰(尽管我们比龙卷风或沙洲更为牢固,但与它们属同一类目),尤其是对我们这些浸淫个人主义西方文化的人而言。"自我"作为一个过程而非物质,这种观念在我们的系统模型之外。所以尽管我们可能会去尝试修习禅定,调整呼吸静心凝想,但我们还是较少能通过内观禅修达到安逸之态,内观禅修旨在"永远从根本上改变你的全部感觉和认知经验"。请参详对其益处的如下解释:

> 你寻找那个被称为"我"的东西,但你发现的只是一个身体,以及你如何通过皮囊和骨头辨认出你自己。你继

---

① 译注:皆为佛教用语。三法印:诸行无常、诸法无我、涅槃寂静。四谛:释迦牟尼体悟的苦、集、灭、道四条人生真理。五蕴:色蕴、受蕴、想蕴、行蕴、识蕴。佛教认为世间一切事物都是由五蕴和合而成。八正道:到达佛教最高理想境地涅槃的八种方法和途径,包括正见、正志、正语、正业、正命、正精进、正念和正定。

续寻找，你会发现所有的精神现象，诸如情绪、思维模式和观念，以及你如何通过它们辨认自我意识。你越来越在意去占有、保护和守卫这些可怜的东西，你会看到这有多么疯狂。你奋力从这些不同的物品中搜索，不断为自己搜索——物质、知觉和情绪——它不停旋转，而你翻看着它，凝视着每个角落和缝隙，不断寻找着"我"。你什么也没找到。在这无尽的不断变化的经验洪流中发生的所有心理硬件的收集，你能找到的所有东西是无数的客观过程，它既是以往过程的结果，也受限于以往过程。根本就没有静止的自我，有的只是过程。你发现了思想，但没有思想家，你发现了情感和欲望，但没人享用它们。房子本身是空的，没人在家。

如果你觉得这些段落古怪、不切主题、有胁迫感，那你已为我们一直以来追踪的逆风信息做好了准备。分类是一门很深的学问，它是我们聚合和分离的推手。认知和行为都根植于分类学；宗教、哲学、推理和伦理也一样。我们对于公平、风险和回报的理解，甚至视觉认知，其背后都是本体论。

分类是认知和文化的基石，正因为如此，参悟佛学对我们而言难度很高。

看起来,似乎不仅仅是我们西方的习惯和文化偏好与世界其他地方不同。我们思考自己和他人的方式——甚至是认知现实的方式——让我们与这个星球上的其他人不同,更别提跟我们绝大多数祖先的区别。

当然,当我们不因追求幸福而消费精力之时,我们也在与本体论的存在做斗争。我们最喜欢的简化论者笛卡儿认为,思想(或灵魂)可以独立于身体而存在,尽管我们可能已经继承了笛卡儿的心身二元论,但无须被吉尔伯特·赖尔(Gilbert Ryle)所说的"机器中的幽灵"所束缚。①

最近几十年,"具身认知"②的对抗性构架在实证研究方面大造声势。该理论认为心灵的本质主要是由身体的结构决定的。具身认

---

① 译注:英国哲学家吉尔伯特·赖尔在其1949年发表的《心的概念》一书中首次提出"机器中的幽灵"这一说法,用于抨击心身二元论。笛卡儿认为,人的心和身是相互独立的,但是赖尔却坚持认为其是错误的,并将这一理论戏称为"机器中的幽灵"。
② 译注:具身认知也称具体化,是心理学中的一个研究领域。具身认知理论主要指生理体验与心理状态之间有着强烈的联系。譬如,人在开心的时候会微笑,而如果微笑,人也会趋向于变得更开心。

知与计算主义不同，后者将大脑视为一个中央处理器，有输入（知觉）和输出（控制），而具身认知这一心理学理论认为，我们思考的方式和内容由身体的认知、行动和情绪系统所决定。我们的身体限制了思想的性质和内容，认知过程的分布超出了我们的大脑。总之，认知不只是在头脑中发生。

图 2-1　具身认知

此外，根据扩展思维的相关理论，思考并不局限于皮肤和头骨。认知由周围的环境所塑造，并延伸至环境中。当我们用铅笔勾勒想法的时候，铅笔成为我们身体思想的一种延伸，我们所做的笔记会改变思想的轨迹，我们简直就是在纸上思考。用认知科学家安迪·克拉克（Andy Clark）的话来说，人类的认知包括"反馈、前馈和实时互动（feed-around）的各闭环之间千丝万缕的缠绕，这些闭环杂乱地交叉往来于大脑、身体和世界的边界。"

我们的工具就像身体，已成为"透明的设备"。我们通过它们看到手头的任务。脑成像研究显示，我们在提升熟练性的同时，将工具（铅笔、锤子、自行车、单词、数字、计算机）整合进我们的身心计划。接下来，按照最小努力原理①，我们通过思想、身体和环境的整个系统战略性地进行工作分配。我们用计算机来解决数学问题，用通讯录和日程表给记忆力减负，依赖谷歌进行检索，因此我们对记忆力的需求越来越少。当我们玩拼字游戏或者俄罗斯方块时，在想到解决方案之前，我们已开始用手指移动那些方块，因为这比在我们脑海中模拟这些移动要快得多。

图 2-2 扩展认知

心理学中的具身认知令人兴奋，让我们来探讨一个基本的例子。彩虹的颜色怎么样？我们曾在学校里学过：红、橙、黄、绿、蓝、

---

① 译注：Principle of Least Effort，最小努力原则，指人们希望能付出最小代价来获得最大效益。当一个人在解决问题或欲达成某种目标时，总是力图将自己可能付出的平均工作消耗量最小化。

靛、紫的光谱颜色是由单一波长的光所产生的,除了靛蓝,所有颜色都是肉眼可见的。牛顿认为,如此一来,彩虹颜色数目就与行星数目、大调音阶音符数和一周的天数相匹配。

　　这听起来多多少少也算是合乎情理,直到你发现,在日本,人们一般会把交通信号灯的颜色说成红、黄、蓝,尽管通行信号是绿色。青和蓝的区别在翻译中遗失了,直到20世纪,日语中都只有一个词"ao"来同时指代蓝色和绿色。这种情况直到1917年才得以改变,当年蜡笔被进口到日本,最早作为"ao"的一种渐变色出现在日文中的"midori",被重新定义为一个新类别:绿色。这次分裂留下了创伤,这就是为什么苹果、新手和交通灯都是蓝色的。①有趣的是,跨文化研究揭示了这些丰富多彩的区别背后的结构相似性。20世纪60年代末期,研究人员发现尽管颜色种类的数量从2种到11种各有不同,但随着颜色的增加,语言的发展路径是相同的。

黑 < 红 < 绿 < 蓝 < 棕 < 紫
白　　　 黄 　　　　　　粉
　　　　　　　　　　　　橙
　　　　　　　　　　　　灰

图 2-3　颜色的进化

---

① 译注:当用日语ao描述苹果是青色的时候,经过翻译在外国人听来就成了蓝色;同时,ao在日语中也被用来形容年轻未成熟的新手。

当有两种颜色时，语言中对应的是黑色和白色；增加一个词，就是红色；再增加，是绿色或黄色；到第六个，绿色一分为二，创造了蓝色。大致情形就是这样。不同文化背景中呈现的这种一致性，其奇异之处在于光谱是连续的。彩虹之间是无缝衔接的，但我们却总能看到它们。这种错觉是以生物学为基础，辅以语言和文化对其的改进。人眼视网膜上的红色、绿色和蓝色的圆锥细胞在可见光谱上有严格限制。在这个连续体中，我们看到的接缝被进化清除，使我们能够从它们周围的环境中区分食物、水和捕食者。语言被置于最顶层，一旦我们有了描述颜色的文字，几乎不可能看不到接缝。

当分类法被溶于文化之中，也变得几乎不可撤销，因为它们是无形的。

即使这些观念背后的想法已经过时，它们仍旧十分强大。比如，尽管笛卡儿的二元论已经被现代的哲学家、神经科学家和物理学家所摒弃，西方医学系统的组建仍旧围绕着心/身简化论进行。医生专攻身体问题，精神病学专家则聚焦于精神错乱。在传统的医学实践中，心和身的连接是缺失的一环。

我自己认识到这一点是在2005年，当时我正遭受着可怕的慢性背疼的折磨，既要从事繁重的咨询工作，又在进行《随意搜索》（*Ambient Findability*）一书的写作。一开始我以为是坐姿不对引起的，便买了一把人体工程学座椅,但没起什么作用。又经受了几周的痛苦后,我去看医生。我暗示说压力可能是病因之一,医生没有理会,她给我开出了理疗药方和三剂止痛药,一日三次。我遵从医嘱,但背疼的情况更严重了。绝望之中,我求助于谷歌,通过搜索关键词"背痛压力",我找到并阅读了一本书——《治疗背部疼痛:心体连接》(*Healing Back Pain: The Mind-Body Connection*),作者是约翰·萨尔诺博士(Dr. John Sarno)。他认为,许多肌肉骨骼疼痛的疾病源于情绪的压抑。为了分散我们的焦虑,自主神经系统将血液循环降低至特定的肌肉、肌腱或者韧带,因此导致了缺氧和严重的慢性疼痛。他建议的治疗方法是,病人需承认心理压力造成的病因,并放弃所有的结构性诊断。这意味着不吃药,不做理疗,恢复所有的正常活动。听起来有点奇怪。但你知道吗?它奏效了,完全奏效。我的背疼被一本书治好了。

这次经历让我看到了遗失的一环:心身连接,我此前从未察觉到它的遗失。它挑战了我的存在论,也给我们的文化提出了棘手的问题。突然之间,我无法对西方医学的怪诞之处视而不见了。科学和技术带给我们医学奇迹,但是成功也将我们蒙蔽在黑暗之中。药物和手术的过度处方是一种流行病。我们正在修理的是并未损坏之物,并且成本高昂。举例来说,我们有70%的人遭受严重的背部疼痛，单是在美国，每年就引发数以万计的手术，但是引发背部疼痛常见的原因如椎间盘脱节、骨骼破裂、软骨凸出，在健康人群的核磁共振成像中也经常被发现。常见的情况是，诊断分类是基于医生们可见但无害的不完美方案，他们对无形却强大的心与身的连接视而不见。

当然，我们并非都处于黑暗中。很多医生经常给患者开安慰剂，他们相信精神意识的功效胜过物质。在补充和替代疗法的市场，患者每年的花费超过350亿美元，说明一些病人对传统医疗越来越没有耐心。但是，三万亿美元规模的医疗行业的绝大部分仍在继续增长。

针灸	能量愈合/灵气疗法	物理疗法
印度草医学	意象导引	渐进放松
生物反馈	顺势疗法	气功
螯合疗法	催眠	太极
脊椎推拿疗法	推拿	传统疗法
深呼吸	冥想	符咒
食疗法	运动	巫医
低碳水化合物	亚历山大健身术	espiritista
全谷物和有机蔬菜	费登奎斯学派	hierbero/yerbera
欧尼许节食法	普拉提	印第安人
普瑞提金食疗	特雷格疗法	萨满
南海滩保健食谱	自然产品	sobador
素食	（植物，药草，药草）	瑜伽

图 2-4　补充和替代疗法

造成医疗行业目前混乱现状的原因有很多。患者想要快速康复，医生痛恨说"我不知道"。行业资助的研究、广告和受惠于特殊利益集团的政府一起将真相掩盖了。《新英格兰医学杂志》(*New England Journal of Medicine*)前总编辑玛西娅·安吉尔(Marcia Angell)声称"大多数已发表的临床研究都不再值得信任，可靠的医生或者权威的医学指导的判断也不再值得依赖。"

想想这句话的出处，真是一个可怕的结论，但是终止欺诈并不能解决问题。本体论①是比腐败更深层的根源。心身分离在分类上是一个错误的做法，而且很难被纠正。17世纪，笛卡儿着手验证他的机械论哲学（身体是由零件组成的一部机器），并证明不朽灵魂的存在，这样他就不会面临天主教会和宗教审判所对他的异端指控。几个世纪过去了，我们的文化和语言反倒是受到简化论和二元论的影响。分类的影响持续扩大、旷日持久。

正因为如此，我们工作的起源是本体论。为用户搭建框架不能只是关注可寻性，在设计分类和词汇时，我们扮演的角色是认知架构

---

① 译注：Ontology，本体论，作为形而上学的一个基本分支，哲学上的本体论研究的是到底哪些名词代表真实的存在实体，哪些名词只是代表一种概念。对于本体论来说，最基本的是找出物体是什么、观念是什么以及它们之间的联系。本体论的根本问题是："存有的最初分类是什么？"不同流派的哲学家对这个问题有不同的解释。

师。我们塑造用户如何看待企业、话题、任务。不论是好是坏，我们的分组和标签可以跨渠道和平台长久延续。为台式电脑设计的巨型菜单被硬塞进移动设备中，用户望而却步。为适应零售商店布局而构想的部门映射于电子商务网站的导航菜单，结果"行李"却找不到了。

我们的工作很难撤销，所以必须抵制仓促行事的冲动。虽然同事们可能会因为本体论研究的抽象和含糊不清而尖叫，但是我们必须有勇气居于不安之处。在一个项目或一段旅程开始的时候，明智地分配时间可能得到数年的红利回报。

当然，启动的时间经常太晚，正因为如此，我们必须与战略和管理打交道。本体论始于组织结构图，在为合作制定框架的时候，我们必须考虑目标、指标、角色和关系，因为自我组织的方式将会改变一切。我们选择类别并使用词汇描述项目、计划、流程、产品、服务或者生态系统，这些类别和词汇将会无形地、不可撤销地改变路径和终点。数字战略团队无视物理接触点；用户体验设计师忽略内容创造者；搜索引擎优化项目破坏信息架构。语言是界面，不只是在网络上，还在脑海中。正如德内拉·梅多斯（Donella Meadows）所写："语言作为与现实的衔接，比战略、结构或者文化更为根本。"

为了避免盲点，我们所看（和所言）必须与众不同，利用转移的视觉将关注点从中心转移到周边以外。富于想象的重新分类揭示了无形的结构、无言的假设、隐藏的价值和新的可能性。但是反转标准并不容易。我们的生物、文化、教育和语言合谋说服我们，的确存在一个组织事物的正确方式。"蓝色和绿色是不同的颜色。历史与科学是各不相同的学科。欧洲在非洲以北。书籍分为小说或非小说。西红柿是一种水果。"现在，把最后的五个句号变成问号，然后考虑一下相反的情形。去吧，试一下。像冥想一样，这种智力上的瑜伽需要反复练习。

  这正是我们要在本书中完成的事情。通过架构、再架构，我们建立了好奇心和想象力的精神肌肉，我们培养自己变得无耻、时髦和聪明的能力。总的来说，佛祖反对种姓制度和教条。他说："不要把任何人置于自身之上。"当然，质疑习俗、惯例、规则和次序的分类要冒着掉脑袋的风险。伽利略因为肯定了哥白尼对宇宙的重新分类而被认为是"异端邪说重大嫌疑人"，圣女贞德被烧死的原因是"像男人一样穿衣服"[①]，曼德拉因为反抗南非种族隔离制度的分类

---

① 译注：圣女贞德是法国的民族英雄。在英法百年战争（1337年—1453年）中，她带领法国军队对抗英军的入侵，支持法查理七世加冕，为法国胜利做出了巨大贡献。后为勃艮第公国所俘，被英格兰人以重金购去，英格兰当局控制下的宗教裁判所诬陷她为异端和女巫，处以火刑，年仅十九岁。贞德被指控多项罪名，其中之一是像男人一样穿衣服。这在当时是一项大罪。教廷是按照圣经上的训令（《申命记》第22章第5节）来判罪的。"妇女不可穿戴男子所穿戴的；男子也不可穿妇女的衣服，因为这种行为都是天主和你的神所憎恶的。"。

法（白人、黑人、印度人和其他有色人种）而被南非和美国政府列为国内恐怖分子。

绝大多数时候我们的所作所为不会这么沉重，但是，在理解政治和文化之前就去问某些问题是不明智的。在所有的组织机构，从图书馆、非营利组织和政府机关，再到财富500强公司和硅谷创业公司，有形的类别都建立在无形的断层线上。

为用户而组织

当然，因为用户是我们宇宙的中心，代表他们承担风险是我们的责任。而当我们倾向于谈论信息架构可见的枝叶——菜单、按钮、链接、标签、附尾、表单、搜索、导航、个性化——分类是这一切工作的根源。他们把概念和渠道聚合、分开。

在零售领域，界面有所不同——商店、目录、网站、应用程序——但分类是跨渠道统一的。这种一致性使得用户可以方便地切换系统或设备，同时让管理者保留同一个旧有的组织架构图。但是，当僵硬地执行这一策略时，用户却迷路了。比如，在下面这张菜单中，你到哪里去找行李箱？

家居用品 | 床上和卫浴用品 | 女士用品 | 男士用品
青少年用品 | 少儿用品 | 美容 | 鞋 | 手提包 | 首饰

图 2-5 用户（和行李）都迷路了

这是个大问题，因为手提箱和旅行包是高利润产品。在零售业，行李箱是盈利最高的类目之一。但是我们的电商客户把它藏在了"家居用品"的类目里，因为在商场里，它就被归到此类。这么一来，用户就迷路了——研究显示，"行李箱"是最常见的搜索词——毫无疑问，销售业绩也因此低迷。

行李箱"丢失"的问题在移动端更严重。由于不能滚动鼠标从而依靠大菜单看到分类地图，我们的客户提供了汉堡图标。在可见的冰山一角之下，是他们不可见的产品，藏在重重选择、点击和目录之下。

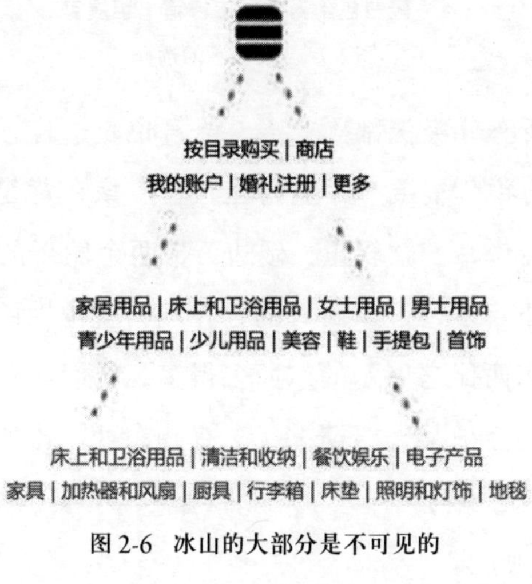

按目录购买 | 商店
我的账户 | 婚礼注册 | 更多

家居用品 | 床上和卫浴用品 | 女士用品 | 男士用品
青少年用品 | 少儿用品 | 美容 | 鞋 | 手提包 | 首饰

床上和卫浴用品 | 清洁和收纳 | 餐饮娱乐 | 电子产品
家具 | 加热器和风扇 | 厨具 | 行李箱 | 床垫 | 照明和灯饰 | 地毯

图 2-6 冰山的大部分是不可见的

如果是在商店里，（为了找到行李箱）购物者会坚持到底。他们会询问、闲逛，甚至使用地图。但在网上，很容易跳转到别处购买，因此分类必须为可寻性进行调整。只针对桌面电脑而进行调整，而不对手机端和平板电脑上的体验做出调整是无益的。把所有类目塞进一个巨型汉堡只会让顾客和商家的肚子痛，用户不会为他们找不到的东西埋单。

虽然可寻性是第一位的，但我们必须牢记，分类不仅仅是为了检索，分类可以帮助用户理解。通过拆分、混合和贴标签，我们提供选择，引发疑问。硬边保护、万向滑轮、手提、背包免提，哪个特性最重要？哪个包最适合你？

背包 | 手提行李箱 | 旅行袋 | 衣物袋 | 硬边箱
轻量包 | 万向轮旅行箱 | 手提包

图2-7 分类显示的选择

当然，所有分类法都不完美，语言也是一样，它们是分类建立的根基。比方说你需要一个斜挎包，它应该在背包还是在旅行袋的分类里？或者说，一款轻量、硬边、带两个轮子的手提行李箱该放在什么分类下？不过这东西真的存在吗？就像地图和神话一样，分类法隐藏的东西比它展示的东西多得多。它们隐藏复杂性以讲述故事，它们总是会把某人给遗漏了。有些东西，比如行李箱，是意外遗失的，但其他事物——人、地点和观念——则被刻意掩盖了。

不管是哪种方式，模型中的每个小差错都微妙地改变了认知和行动，正因为如此，这份工作经常含有道德权重。分类自有其影响，正如杰弗里·鲍克（Geoffrey Bowker）和苏珊·雷·斯塔（Susan Leigh Star）在《整理》（*Sorting Things Out*）一书所写：

> 每一个分类都强化了一些观点，同时让另一些观点禁声。这本身并不是一件坏事，它的确是不可避免的。但这是一个伦理选择，因此它是危险的，不坏但是危险。

分类很危险，因为越容易使用的分类，就越容易对其视而不见。我们抓过把手，根本不细看内容；我们信任标签，却不知其根源。在公立图书馆广泛使用、公立学校也设有课程的杜威十进制分类法（Dewey Decimal Classification）①中，在宗教的大类下有100个类目，其中88个与基督教有关。伊斯兰教和犹太教各占有一个类目，而佛教则有幸在小数点之后占有一席之地。

---

① 译注：杜威十进制分类法，是美国人 M.杜威编制的综合性等级列举式分类法，它将人类知识分为记忆（历史）、想象（文艺）和理性（科学）三大部分，展开为十个大类。杜威十进制分类法采用阿拉伯数字作标记符号，并采用小数制（十进制）的层累标记制。杜威十进制分类法是世界现代文献分类法史上的一个重要里程碑。它是世界上现行文献分类法中流行最广、影响最大的一部分类法，已用30多种语言出版，被世界上135个国家和地区的图书馆采用。

200 宗教	291 宗教比较
210 哲学与宗教理论	292 古典宗教（古希腊及古罗马）
220 圣经	293 日耳曼宗教
230 基督教理论	294 发源于印度的宗教
240 基督教信念和祈祷	294.3 佛者　294.4 耆那教
250 地方教会和宗教职务	294.5 印度教　294.6 锡克教
260 基督教俗世神学	295 祆教（拜火教）
270 基督教会历史	296 犹太教
280 基督教派及分支	297 伊斯兰教及其衍生宗教
290 其他宗教	299 其他宗教

图 2-8 杜威十进分类法中的宗教分类

这个计划中蕴含了什么样的价值？意图和影响是什么？它能帮到谁？又能伤害谁？它的替代品是什么？我们为什么要使用现在这个？为什么它经久耐用？我们必须让所有分类都受制于这些问题，因为它们的印记掩饰了影响。比如，想想Facebook的点赞功能（Like）。这只是一个单词，但它隐含着一种本体论，深刻地塑造着认知和行为。

图 2-9　Facebook隐藏的东西远多于它所呈现的

不像分享或转发Twitter，"点赞"把我们推进"友好世界综合征"。我们很难给坏消息点赞，所以大部分悲惨故事很快就消逝了，留给我们一个安全、快乐的空间，这对企业有好处。我们一想到分类，就倾向于把重点放在整个系统，类似杜威十进制分类法，但就像Facebook的"赞"，一个字就能体现一种世界观。

文字是界面和基础设施。它们是可以帮助我们完成任务，并找到内容的把手，但它同时也是代表概念和分类的标志。符号学和语义学的学者们已深入研究符号（信号物）和意义（意指）之间的复杂关系，以及在何种程度上该意义是由意图或解释定义的。从寒冷、黑暗深处的兔子洞里得到的一个洞见是：所有文字都有行李。

图2-10 文字是把手

文字是界面，一旦隐藏界面，大多数软件、网站和分类将无法使用。但文字也是基础设施，通过它们构成的局部，我们得以理解整体。在企业中,身着西装的推销员被充斥文字的网站所取代。分类定义了产品和服务的深度和广度。在所有类型的组织中,信任(某种程度上)建立在分类之上。适当的文字组合在一起,成为强大的使命、愿景和品牌。文字在表面嬉戏,他们已被视为物质的符号。专家们用大话来争取权威,政客用小词来获得权力。在分类系统和诗歌中,语义学甚至比它表面看起来更为丰富。

当然,很多时候我们的话是错误的,分类的影响是意想不到的。当我们选择一个单词时,它语含深意,但很多内容在传播过程中遗失了。想想佛教在杜威十进制分类法的宗教类目中的位置,有趣之处并不在于拥有五亿信徒的佛教是否应该在分类表上占据更高的层级,而是佛教究竟是否属于宗教(或哲学)。

> 佛祖本人并没有使用过宗教和哲学的概念。这些都是我们的概念,不是他的。因此,把他的学说理解为宗教或哲学,等于是把它们放入一个佛祖并不会认可的框架之中。这并非意味着对它的理解的确有误,而是它可能被误导了。

佛教与宗教和哲学有许多共性,但也有意味深长的区别。与宗教一样,佛教有仪式、信仰和道德准则,但它不是一个以神为中心的信仰和崇拜的体系。佛教里没有上帝，佛祖是个人。和哲学一样，佛教呼吁理性、追求洞察力，但它的冥想行为寻求的是一种比文字更深刻的理解力。

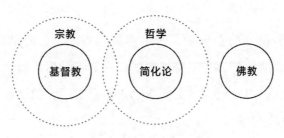

图 2-11 佛教不是宗教或哲学

当我们使用宗教或哲学的把手，我们引入了行李箱。我们不能确定它的内容，因为在阐述本意的过程中，其意义会发生变化。这个问题我们难以避免，这是语言和分类的本质。但是我们要对这种意义不明保持警醒。

在一个层面上，当我们用文字来标注地名时，地图是领土，文字是事物，语言是经验和探索发生的环境。但在另一个层面上，上述所言则完全不正确。因为理解的产生是通过心灵、身体和环境的统一，语言无法包含意义，或者诗意地表达意义，用中国佛教高僧慧能的话说：

真理与文字无关，真理好比天上的明月，而文字只是指月的手指，手指可以指出明月的所在，但手指并不就是明月。望月，必须越过手指。

在我们设计的系统中，文字有很多指向。它们是分类、概念、任务和内容的符号。文字是必要的，它们帮助用户找到他们所需之物、理解他们的发现，但文字永远是不足够的，意义在翻译的过程中无法挽回地遗失了。

图 2-12　文字只是指月的手指

作为信息架构师，首先要意识到文字的弱点。一旦我们接受了语言的局限，便能超越它们。分类也是同样的道理，每一个单独的分类都有缺陷。一旦我们承认本体论的问题，便能解决它们。如同颜色，分类也是存在于一定范围之中。客观存在的范围——字母表、数字、地理——容易使用但并不总是有用。主观存在的范围——话题、任务、观众——有用却并不容易使用。在白页①上，我们能很快找到一位朋友，不过找水管工是不切实际的。在黄页上，我们可以很容易找到一个剧院，只要它不叫电影院或汽车影院。

　　分类建设的第一步是明确分类的目的。目标是什么？谁是用户？如何衡量成功？但这不是一个线性的过程。分类重在敏捷，而非贪多。将目标置于本体论之前是好的，但我们也必须将分类与背景相匹配。分类将存在于何处？用户会遇到哪部分、什么时候遇到？他们会在手机上点击吗？他们会在电视上看到吗？分类是跨渠道信息架构的一部分。要让整体运转，我们需要一个"创建－测量－学习"的闭环，它能明确各部分如何融合在一起。

　　简单的指标是诱人的。我们把T恤调整到上一级类目，冀望销售额的增长。我们测试和改进内部分类的相似性和跨类别差异，并希望顾客满意。但每一个分类系统都有许多触点，分类出现在跨渠道的搜索结果、过滤器、面板、菜单、网页标题和副本、产品元数据、信息和广告中。此外，本体论体现在组织架构图，反之亦然。我们塑造我们的分类；它们也据此塑造了我们。基于以上所有理由，分类

---

① 译注：白页和黄页是指在查找电话号码和地址的手册中，区分家庭用户和商业用户的纸张颜色。白色纸张的部分称为白页，用于印刷个人或家庭用户的电话和地址；黄色纸张的部分称为黄页，用于印刷公司或社会团体的电话和地址。

设计的详细工作必须由整体情况来告知。在语义学和健康领域，不考虑背景的分类是严重的玩忽职守。

数年前，我给加拿大一家地方性的健康机构做咨询。在他们的网站上，只能通过比照身体系统设计的类目进行浏览。他们用专为医生和护士设计的分类向公众提供服务，这套分类法并不奏效，我们研究发现，大多数人找不到糖尿病，这种分类没有满足新用户的需求。

身体部位和系统		肾脏和泌尿系统
血液、心脏和循环	耳、鼻、喉	肺和呼吸
骨骼、关节和肌肉	内分泌系统	口腔和牙科
大脑和神经	眼睛和视力	生殖系统
消化系统	免疫系统	皮肤、头发和指甲

图 2-13　专为健康专业人士设计的分类

所以我们增加了新的导航，包括常见疾病、一个从 A 到 Z 的病症列表、症状检查和针对男性、女性、青少年和幼儿的分区模块。我们运用多个本体服务目标用户。

当 2003 年我为美国国家癌症研究所（National Cancer Institute）提供咨询服务时，客户的目标是做好 cancer.gov 的站内导航。但我提出了一些通过谷歌进行检索的难题，并在方案中增加了搜索引擎优化。为了服务用户、迎合搜索引擎，我们在主页上列举出了主要的癌症类型。我们让用户可以按照身体系统进行浏览、按用户类型缩小范围、全文搜索，或者按首字母从A到Z进行查询。十年过去了，设计改变了，内容更新了，但是信息架构仍是当年的模样。制作精良的结构经得起时间的检验，正因为如此，正确使用本体论和分类法至关重要。

主导航	癌症种类	
癌症主题	膀胱癌	肺癌
临床试验	乳腺癌	黑色素瘤
癌症统计	结肠与直肠癌	非霍奇金淋巴瘤
研究与资助	子宫内膜癌	胰腺癌
新闻	肾（肾细胞）癌	前列腺癌
关于 NCI	白血病	甲状腺癌

图 2-14 给国家癌症研究所导航

最近，当我为北极熊国际协会①提供咨询服务时，这种模式再次展现。他们的网站完全依赖于主导航。他们最高一级类目（计划、研

---

① 译注：Polar Bears International，全球领先的北极熊保育组织，致力于保护北极熊的北极栖息地。

究、教育）还不错，但对来访的用户或追踪它的搜索引擎来说，这些信息还不够。

因此，在调整了主导航后，我们添加了主题和格式。我们没有使用"按主题浏览"的链接，而是把主题内容都曝光在外面，类似的做法也用在格式上。很少有用户会点击"按格式浏览"，但是因为每个人都喜欢北极熊的图片，图片和影片的链接变得非常受欢迎。

这些改变使得网站的访问量在第二年增长了39%。

主导航	主题	格式
我们的工作	北极熊俱乐部	图片
关于北极熊	濒危状态	视频
科学	全球变暖	文档
教师区	北极熊饮食	音频
学生区	北极熊栖息地	
	北极熊小百科	
	北极熊数量	
	北极熊儿童专区	
	环境适应	
	冬眠	

图 2-15 按主题和格式浏览北极熊

这个故事的寓意很重要。由于语言的弱点，任何一个一级类目的标签都很难独立存在，我们需要主导航的根目录以便让用户了解全貌，也为当下和未来的所有内容留有空间。广度让系统随时间推移而扩容。但一级类目对用户而言过于抽象，最底层类目又过于具体。行动居于两者之间，所以我们必须在主页摆出子类别作为样本。我们应该把北极熊幼崽放出来，而不是把它们深埋在"主题"分类的下面。

我们必须揭示认知科学家们所称的"基本层次范畴"。在分类法中，基本层次是我们能轻松形成一个具体形象的最大一类。我们很难想象出"家具"是什么样，但都可以想象出一把椅子的样子。很少有人使用"鳍足类动物"一词，或是能够将"港口"和"竖琴"区别开[①]，但就像北极熊，当我们看见一只海豹，我们都能认得出它是什么动物。在基本层次上，我们使用简单的民间分类名称，而非科学分类术语。它们是第一层分类，孩子们能够理解，对成人也最具文化意义。由于人类心理和认知的特点，它们适合于学习、识别、记忆和知识组织，他们是具身认知的手工艺品和设计的重要工具。

到目前为止，在讨论分类法时，我们一直围绕一个中心点跳舞。因为每个分类都有缺陷，我们通常应该不止使用一个分类。这个简单的主意很难被接受，我们天生就相信，只有一种组织事物的正确

---

① 译注：英文中港口和竖琴的拼写很相似，分别为 harp 和 harbor。

方式。杜威十进制分类法就是这种精神的典范。但我们在提供多类地图和路径方面做得越来越好了，这对用户的帮助非常大。比如，在大学，我们已经学会了用其他路径（诸如用户、学院、任务、首字母索引和搜索）来补充主导航菜单。

主导航	人员	学院	任务
关于我们	未来的学生	艺术和科学	申请
入学	目前的学生	商业	参观校园
学术	教职员工	工程学	做礼物
研究	父母	法学	找工作
校园生活	校友	医学	联系我们

图2-16 大学提供了多条路径

在电商领域，分面导航（Faceted Navigation）几乎无处不在。在20世纪90年代，当我们开始谈论分面和阮冈纳赞（Shiyali Ramamrita Ranganathan）[①]时，每家在线商城采用的都是单一分类，没人知道阮冈纳赞。他们现在也不知道，但是我们都该感谢这位来自印度的数学家和图书管理员，是他意识到一个单一的分类是远远不够的。

---

① 译注：阮冈纳赞（1892—1972）是知名的印度图书馆学家，他在1931年撰写的《图书馆学五定律》（The Five Laws of Library Science）是一本享誉世界的图书馆学名著，图书馆学五个定律被国际图书馆界誉为"我们职业最简明的表述"。五定律：书是为了用的；每个读者有其书；每本书有其读者；节省读者的时间；图书馆是一个生长着的有机体。

搜索"包"有14878个结果				
类别	性别	颜色	品牌	原料
手提包（7203）	女式（11246）	黑（4241）	阿迪达斯（14）	皮革（5442）
背包（2072）	男士（3375）	花色（1541）	大佛（87）	尼龙（3441）
行李箱（1974）	女孩（136）	棕色（1361）	驼峰（55）	聚酯纤维（1738）
行李袋（655）	男孩（112）	蓝色（1214）	迪赛（72）	绵（841）
价格	特色	主题	图案	开关
50美元以下（2798）	轻便（1652）	学校（1102）	印花（687）	拉链（9508）
50~100美元（7206）	硬面（294）	街道（221）	鳄鱼皮（173）	暗扣（2156）
100~200美元（9135）	防水（206）	度假（60）	迷彩（92）	磁吸（2073）
200美元以上（3777）	塑料（42）	复古（43）	豹纹（20）	搭扣（787）

图 2-17 分面给用户提供的搜索结果地图

分面导航为搜索结果提供了一份自定义地图，帮助人们理解他们已经发现的物品。然后用户可以选择过滤器去明确和改进他们的查询。这是男式商品还是女式商品？你喜欢黑色还是非正规的橙色？一个50美元的塑料钱包？是的，我们有几个。搜索被转化成一个迭代、互动的对话，用户在其中建立复杂的查询，一次添加一个简单任务。

在社交网络中，分类容易到只用使用一个井号（#）。自由标签是一种不受权力控制的描述性分类。这里没有等级制度，每个标签都是一个分类，每个事物可能有很多标签，反之亦然。这种生活虽然混乱但却奏效。每个标签，比如 #barcamp①，都是适时把我们连接在一起的纽带。

人类学（3，502）护教学（2，430）无神论者（3，439）澳大利亚（1，959）圣经（2，190）
传记（45，961）芝加哥（1，239）基督教（7，414）食谱（1，928）
经济学（9，133）散文（13，300）进化（9，363）小说（16，006）
食物（10，026）语法（2，990）文笔生动的小说（6，472）历史（16，006）
大屠杀（7，855）幽默（26，499）爱尔兰（2，150）针织（2，798）
语言（7113）数学（5，461）回忆录（52，207）神话（6，395）
非虚构作品（224，809）哲学（48，919）物理学（9，765）
诗歌（2，499）政治（17，862）心理学（16，853）参考书（16762）
宗教（24，888）科学（46，652）道学（2，129）神学（3，837）
旅行（18，372）真实犯罪（4，122）写作（16，613）WWII（14，661）

图 2-18 LibraryThing②网站上的标签云

分众分类法③有一种淡淡的足迹，因为很难通过它看到整体。我们透过云层的一瞥，不如从一个分类的顶层所看到的视图那么令人满

---

① 译注：一种国际研讨会网络，此类研讨会是开放、由参与者相互分享的工作坊式会议，议程内容由参加者提供，焦点通常放在发展初期的网际应用程式、相关开放源代码技术、社交协定思维以及开放资料格式。
② 译注：LibraryThing是一个存储和分享图书类目的网站。
③ 译注：分众分类法是指一种由使用者以任意关键字进行分类的协同工作。这个现象源于2004年出现的许多社交网络应用，例如分享书签网站、相片分享网站等。这种分类法是由用户群体定义的频率来决定的。举例来说，当一些用户收藏谷歌网站时，自定义了"搜索"和"信息"作为分类标签，其他用户在收藏时用了"百科""检索"作为标签，最后平台统计显示使用"搜索"和"信息"的频率最高，那么这两个词就是用户对谷歌的分众分类。

意,但妄图固化这种对比往往不得要领。标签使用者可以随心所欲地描述物体,而不是将每个物体放入一个层级。标签创建是独特、自下而上并且以物体为中心的。标签的价值在陌生的连接(和描述)中实现了,而一旦用户发现一个目标,就会出现这种陌生的连接(和描述)。

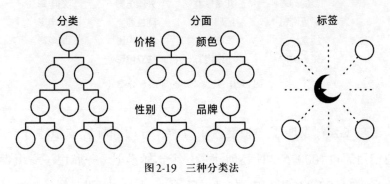

图2-19 三种分类法

每一种组织方式都有利有弊。分类法提供顶层视图,分面法帮助我们应付中间层,标签则在底层创建了桥梁。作为信息架构师,我们必须在均衡价值和成本后,为不同的系统设计正确的分类组合。我们也应该对这个包含分类、分面和标签的本体论之外的观点持开放态度。

比如,奈飞公司(Netflix)就诠释了如何打破窠臼。他们有一个流派分类,以及很多导航和个性化形式,但他们决意要把系统做得更好。

导航	流派		
新片	电视剧	纪录片	音乐
奈飞流行榜	动作冒险	戏剧	音乐剧
为你精选	动漫	信念和信仰	爱情电影
我的列表	儿童家庭	外国电影	科幻电影
最近浏览	经典电影	同性恋	体育电影
搜索	喜剧	恐怖电影	惊悚电影
更多类似	小众电影	独立电影	

图 2-20 奈飞公司的导航和分类

奈飞公司发明了一种混合了分类、分面和标签的独特分类法。他们用超过1000个小标签创建了一个本体模型,并雇用了一组青少年来给14000部电影和电视节目打标签。然后他们设计了算法和一种文法,将分面、分类和标签融合形成一个多达76897种细分流派的色彩斑斓的阵列。

细分流派

邪教恶小子恐怖电影	浪漫印度犯罪戏剧
情感独立运动电影	皇室惊悚动作电影
20世纪30年代的间谍动作&冒险电影	暗黑悬疑黑帮戏剧
外国怀旧戏剧	有视觉冲击力的傻瓜动作冒险片
日本运动电影	威廉·哈特内尔(william hartnell)主演的时间旅行电影

图 2-21 奈飞公司细分流派取样

用户将这些流派当作分类进行体验，它们易懂易用。"邪教恶小子恐怖电影"（Cult Evil Kid Horror Movies）没有子集或是父集。根据浏览历史和个人兴趣，系统会给用户推荐一些流派，每种流派都匹配几部电影。这是一种了不起的发现电影的方式，也能引发反省和提升认知，因为我们大多人不会意识到自己喜欢根据图书改编的情感独立电影（Emotional Independent Movies），直到我们被系统推荐告知如此。

奈飞公司通过搭建一个优秀的信息架构已经赢得了可持续的竞争优势。他们得到基本权利，发明了新形式的分类和个性化，并将这些元素组合成一个有机的整体。这是我们的挑战，为用户构建内容可能比我们想象的更艰难、更重要。分类是这项工作的根本，但在实现它们与整个系统的连通之前不应建立分类。考虑到组织内容的方式千千万万，目标先于本体论是至关重要的，环境是分类的关键。

制作框架

因而，在一个层面上，我们的组织灵活度已经有所提高。我们有很多方法为用户进行聚合和分拆，但是，在一个更高的层面，我们还没有通过改造自我组织的方法以吸取这个教训。我们对物体使用标签、分面和分类，但对人则退回到简单的分类。约翰是开发者，简是设计师，莎拉从事营销工作，戴夫在支持岗位。一旦我们将人割裂成孤岛，就很难在一起工作。

正因为如此，用户体验最大的障碍不是设计和技术，而是文化和管理。没有定义明确的目标、角色、流程、关系和评估，我们无法创建优质服务，但我们往往过于简单化。计划和建设被割裂，我们对此一无所知。"我们"和"他们"被分开，我们自己也四分五裂。不可避免的是，分类以复杂、无形的方式塑造着合作。

为了提升这些框架的制作，我们必须开始询问我们的类别从哪里来，以便更仔细地进行分类。比如，我们不假思索地用身体的隐喻搭建了组织。我们用部门负责人和管理机构让人们服从命令。我们经常把使用少量"动觉意象图"（kinesthetic image schemas）当作捷径。

概要	身体经验	隐喻举例
容器	我们将自己的身体当作一个有边界的容器（输入/输出）	视觉领域（视野之外）和关系（受困于婚姻）
部分-整体	身体由部分组成，它们如何配置很重要。	家庭（有婚姻才完整）和社会（国家首脑，军队）
中心-边缘	身体有中心（身躯、器官）和边缘（手指、脚趾、头发）	社会（中产阶级）和理论（中心论点是最重要的）
链接	人生的第一条链接是脐带。我们牵手以连接身体。	关系（建立连接）和理论（缺失的一环）
来源-路径-目标	为了让身体从原点到终点，我们要进行空间移动。	目的（分心）和复杂事件（恶性循环）

图 2-22 隐喻的经验基础

使用隐喻并没有错，只要我们已知悉其来源，并意识到它们包含着从本意向解读转移的包袱。在一个用"仆人式领导"颠覆组织架构的机构内，使用"部门老大"一词可能引发认知混乱。高高在上的老大，难道不像是贵族阶层？我们的身体经验已体现在语言中，并且微妙地改变了我们的思考方式。这在我们使用的二元对立中一直发生着。

> 进-出，上-下，前-后，自我-其他，我们-他们，多-少，男性-女性，真-假，事实-虚构，公众-私人，开-关，是-否，热-冷，理智-情感，心-身，人-自然，爱-恨，赢-输，善良-邪恶

尽管自然界并不存在相反的事物，但我们用二元论创造了秩序并赋予个人经验以蕴意，这些对立便产生了意义。我们明白了热和冷的关系，光明与黑暗的关系，这种二元论根深蒂固。研究显示"二元对立是儿童的第一个逻辑运算"。我们从"自我－其他"、"可食用－不可食用"开始，一直到学会区分"善良－邪恶"、"数字－实体"、"地图－领土"。这种配对经常是分层级的，而且第一个词往往是主角。"进"比"出"好、"上"比"下"好、"真"比"假"好、"我们"比"他们"好。

现在我们已经意识到了具身认知的危险。尽管一些对立看起来不证自明，但其他一些则带有很明显的价值判断和种族优越感。二元论之所以奏效是因为它够简单，但这也是它失效的原因。政治家们通过对事物做非黑即白的二元判断而赢得胜利。他们说，人们要么赞同我们、要么反对我们。但这种思维方式导致了帮派文化和种族灭绝。人类历史上绝大部分的恐怖年代都始于"我们"与"他们"的分类。

即使是在办公室政治中，二元论也是件严肃的事情。它把人群分类，掩盖真相。数字是实体的反义词吗？这是区分职员的明智方式吗？就像维基百科一样，二元对立是一个很好的起点，但也是一个可怕的终点。本奇利定律（Benchley's Law）——世界上有两种人，一种人相信世界上有两种人,另一种人不相信——给我们指出了正确的方向。要达成合作,我们必须承认模糊性和复杂性,并避免过早分类。

比如,通过更加清晰地意识到我们如何(能够)自我组织,团队协作变为可能。经典的默认场景是儿童沙箱的有界集,这里边界清晰,事物非进即出。我们使用它是因为它够简单,但这不足以确保它的正确性。物理对象的空间顺序并非本体的工作方式。众所周知,维特根斯坦(Wittgenstein)曾通过对"游戏"分类的质疑而揭穿这个经典理论。游戏没有明确的边界,因为所有游戏并没有共性。有些游戏需要技巧,有些靠运气,有的你能赢,有的你赢不了。相反,分类是由重叠相似或者同族相似所统一的。很难给游戏下个定义,但当我们看到它时,都知道它是游戏。

模糊集合有一个中心和外围;有些成员比其他成员好。论禽鸟,知更鸟好过鸵鸟;论水果,橘子好过西红柿;论唱歌,麦当娜好过比尔·克林顿;论感受,恐惧好过冷漠。大多数集合都在表面设限,但模糊集合的边界更为深入。我们自认为可以对其定义,直到我们发现不能。失败孕育自由。当我们承认它们不是根植在顽石中的集合,而是体现在认知中,我们才能创造性地进行分类。

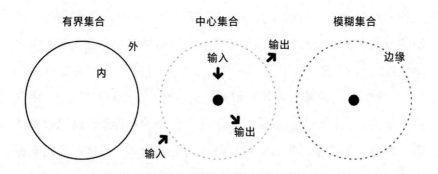

图 2-23 分类的多种理论

当全球知名神学家和人类学家保罗·希伯特（Paul Hiebert）发明"中心集"的概念时，正是如此做的。他在印度的传教经历引发他提出一个问题"一个目不识丁的农民在只听过一次福音后能成为一个基督教徒吗？"按照传统，教堂被组织成为一个有界集合，它有明确的成员定义和精心划定的信仰和价值观。希伯特主张，通过定义一个中心、继而更多关注方向而非位置，从而用一种更为包容和动态的方式建立分类。在他的模型中，任何一个正在向基督靠拢的人都是基督教徒。在知识和成熟度方面，一些人距离中心更近，但集合中的所有成员都是平等的。这是一个重视开放、变化和多元的本体论。它放大了渗透性并且柔化了"我们"和"他们"之间的界线。

2012年，丹·克林（Dan Klyn）借用这个理论对用户体验和信息架构的关系进行重构。在他的叙述中，使用中心集合就像是养猫，吸引猫儿的那桶牛奶就是中心。对用户体验设计师而言，"牛奶桶就是设计，在它被放置之处，重心是用户及其体验。"那信息架构师呢？他们的中心是什么？嗯，那些疯狂的猫儿们都围绕着意义打转。抑或是场所营造、设计和认知？

当然，我们能够（也应该）讨论中心，但这不是最重要的。如果我们将分面、标签、模糊集合、中心集合之间的点相连，就可以开始看到玩零和游戏的愚蠢之处。正如薛定谔（Schrödinger）试图告诉我们的，一只猫能同时存在于多个分类中[①]。

《少年派的奇幻漂流》中有一个奇妙的场景，少年派和他的母亲、无神论者的父亲在街上走着，同时碰到了婆罗门[②]、神父和阿訇。一场愤怒的争论后，派被告知："他无法同时成为印度教徒、基督教徒和伊斯兰教徒。这是不可能的。他必须做出选择。"

---

① 译注："薛定谔的猫"是由奥地利物理学家薛定谔于1935年提出的有关猫既是死的又是活的著名思想实验。这个假想的实验是这样进行的：在一个盒子里有一只猫，以及少量放射性物质。在一小时内，大约有50%的概率放射性物质将衰变并释放出毒气杀死这只猫，剩下50%的概率是放射性物质不会衰变而猫将活下来。根据经典物理学，在盒子里必将发生这两个结果之一，而外部观测者只有打开盒子才能知道里面的结果。量子理论认为，如果没有揭开盖子进行观察，我们永远也不知道猫是死是活。当盒子处于关闭状态，整个系统则一直保持不确定性的状态，猫既是死的也是活的。
② 译注：婆罗门教和印度教中，执行宗教祭祀的神职者被称为婆罗门。

作为回应，派脱口而出："圣雄甘地说过'所有宗教皆为真实'。我只想热爱神明。"有时，我们必须选择我们更喜欢哪个故事，但并不总是如此。当使用复选框或是滑块才能揭示真相时，我们却经常使用单选按钮。我们对用户这么做，也对自己这么做。

图 2-24 单选按钮、复选框和滑块

我们能够而且将会做得更好，意识必须首先到位。给猫分类的方式不止一种，一旦感知之门打开，我们可以把自己和同事们朝着庆祝差异性和相似性的方向推动。

可以先从组织架构图开始。是不是分层制度加强了不健康的学科划分？

一个自我组织、多学科、多职能的团队进行"全体共治"会不会运作得更好？在全体共治模式中，权威和决策被打散了，其成员能存在于不止一个圈子里。Zappos①和Medium②正在进行尝试，也许我们也应该试试。

　　一旦组织架构图就绪，布局就成为值得推动的杠杆。我们与同事的相对位置，能够释放创造力、驱动合作。尽管"办公桌轮用制"③过犹不及，音乐椅④却提醒我们，我们不能滞留于自己的座位。我们塑造了建筑物，我们也能重新塑造它们。

　　最终，我们构建工作的方式将会改变工作的产出。简（Jane）对公共住房项目的批评中就触及了这点。

> 这些项目背后不合适的一个想法就是"它们是项目"的观念，抽象于普通城市再进行分离。想要把它们当作项目进行挽救或改善，就是重复这个根本错误。目标应该是把那个项目、那片补丁放到城市上，重新编织进城市的结构中，并且在这么做的过程中，也巩固了周边的结构。

---

① 译注：总部位于美国的鞋类商品在线销售平台。
② 译注：一个轻量级内容发行平台，允许单一用户或多人协作，将自己创作的内容以主题的形式结集为专辑，分享给用户进行消费和阅读。
③ 译注：按需要或依照轮流制度分配办公桌，而不是给每位员工桌子。
④ 译注：即抢座位游戏。参加者随音乐绕着椅子走，音乐一停就抢椅子坐，但参加者总是比椅子多。形容人们在混乱的局势下频繁更换工作的情况。

我们的项目也是同样的道理。通常它们被较好地理解为项目或是系统的一部分。历史上，我们从事用户体验的很多人都忽略了内容战略。我们忽略了人、流程和内容生命周期工具，每个人都深受其苦，包括我们的最终用户。当我们忽略了生态系统，我们的结构一定会崩溃。

最近我参加了一个活动，图书馆主管们齐聚一堂畅谈数字战略。李·雷尼（Lee Rainie）发表了一个精彩的主题演讲，他展示了皮尤研究中心（Pew Research Center）的一项研究结果，该项目旨在研究美国人如何以及为什么重视公共图书馆。他总结说，通过对数据的观测发现"图书馆有干预社区生活的任务"。之后，我们讨论的话题是"图书馆的愿景"，其中一位参与者建议公共图书馆员应追求"社区愿景"。这样的重构打开一扇大门，通向关于干预和合作以解决识字、贫困、危机信息等众多问题的酣畅对话。把心态从狭隘转向开放就是将世界变得更美好。

一个能帮助我们所有人的转变是改变我们对计划的固有看法。就像研究一样，计划是一种学校教不了的素养，但它却是生活和工作成功的关键。我们计划活动、旅行、家庭、网站、系统、公司和城市，我们一直在做这些事情，但总是犯同样的错误。首先，我们会拖延，我们惧怕复杂性，所以我们总是开始得太晚。接着，在匆忙中，我们把想法和执行分割成多个阶段或角色，我们在头脑中划出分隔线。"思考-行动"和"计划-构建"的二元对立都被神话了。就像阴和阳，这些看起来似乎独立的力量相互关联和缠绕，离开其中一方，你都无法（更好地）实施另一方。

图 2-25　阴阳观念和执行

在准备我的罗亚尔岛之行时，我阅读并制作清单，但我也会做一些新的尝试。在我们的后院，我在口袋炉上烧伤了自己，然后才学会如何挡风。在起居室，我做了一个"应急雨披"给我太太，她笑到流眼泪，它比干洗袋还薄，叶子都能把它划成碎片，然后她给我找了一件真正的雨披。在浴缸里，我测试了滤水器，因为就像我早先提到的，从失败中不断学习的感觉就像玩游戏，直到有人被发现脑中生了幼虫囊肿。当我们把少得可怜的待办事项列入计划时，我们学习得太晚，反之亦然。

我们应当把这些教训运用到网上的计划-构建网站和系统，因为敏捷－瀑布模式的二元对立只是一个神话。敏捷宣言支持"响应变化高于遵循计划"，但也提出两者都有价值。然而敏捷经常被用作一个表明线框已死的平台。在从本意到释义的过程中，意义发生转移，计划也会夭折。我们都知道通过文件证明死亡很糟糕，但转动并加速冲入一个敏捷的死亡螺旋也不是很有趣。幸运的是，得益于一连串昂贵的计划外灾难，"计划-构建"的钟摆现在已经摆动回到中间。

随着我们生态系统越来越复杂，我们将比以往任何时候都更加需要计划和原型。在我们头脑中争论战略、结构和计划是荒谬的。我们必须把想法投之于现实世界中才能看到它们。构架师一直都在从事这项工作。

克里斯托弗·亚历山大（Christopher Alexander）借鉴了"建筑的永恒之道"的一部分来产出无名精品。在规划Eishin Gakuen（http://www.eishin.ed.jp/about/）的过程中（一所综合了大学和高中的学园，20世纪80年代建于东京郊外），亚历山大使用了很多工具来扩展认知。首先，他邀请学生和老师们共同创造一种建筑模式语言（能够描述建筑完整性的生动叙述），而不是简单地找他们做访谈，因为"帮

助人们告诉你他们想要什么是极其困难的"。他们一起为校园草拟出110条基本模式,包括:

  2.2 小闸门标志着入口街的外端。这是一个小巧而气势宏伟的建筑物,它有高度和体积。

  6.6 图书馆(也是一个两层建筑)的二楼要有一间大大的、安静的阅览室,里面有书架、桌子、小单间和美丽的窗子。

  7.7 还要有一个花园,非常隐秘,它不出现在任何地图上。这个模式的重要性在于,它永远不必被公开,不必出现在平面图中;除了少数几人,无人能找到它。

  与此同时,他和团队还进行了实地规划——地貌、山坡、树木、山脊、道路。然后,他们就开始了把两个系统的中心、模式和场所融合为一个简洁美丽的平面图的艰苦工作。他们种植了几百根六英尺高的竹棒,上面有五颜六色的丝带,用以辨认场所、空间和关系。通过数月的观察和移动这些彩旗,他们能够不断探索设计规划。他们用建筑轻木制作现场地形模型,以增强这种视觉效果。经过反复试错,他们将所有这些模式和场所纳入一个奇妙的、有生产力的整体中。

在这个故事中,我们看到了具身认知和扩展认知的合成。建筑的维度比俄罗斯方块多,所以我们使用模型来转变思想更是至关重要。计划即制造,地图、草图、文字和线框仍是必不可少的,但我们在建造中进行设计同样重要。不然我们还将如何想象生活中的跨渠道体验和物联网?

数年后,我为一家数据库公司的响应式设计①做改版。我们的团队用线框和设计样稿进行快速、低成本的试验,然后用一个HTML原型形成"构建-测量-学习"的新闭路。每一个认知放大器都是独特的。他们一起教导我们:凡事一条道走到黑是错误的。作为信息架构师、设计师和开发者,我们每个人都给"思考-行动"和"设计-构建"带来了离散值(discrete value)。很多时候,分类阻碍了合作,它分裂了我们和他们,我们的产品满是裂缝,我们的用户伤

---

① 译注:响应式设计,指网页设计应该做到根据用户行为以及使用的设备环境(系统平台、屏幕尺寸、屏幕定向等)自动响应和进行调整。

痕累累。我们制作的物品是我们如何自我看待和自我分类的映射，所以让我们相应地进行"分类-计划"吧，并且要记住制作框架就是工作。

重构

最近，我参观了启发教学学院（Inspired Teaching School），这是位于华盛顿特区的一个特许公立学校，它通过将老师的角色从信息提供者转变为"思想煽动者"以培养探究性学习。老师们没有教学生如何做他们的作业，而是挑战孩子们自己去完成。这是一个很小的习惯，叫作"不要碰我的铅笔"，它造成了很大影响。我回忆中的另一部分是艺术品。我记得一幅彩色图画上动物们被分为三类——真实的、想象的、不可能的——灵感来源于孩子们不受约束创造不可能生物的自由。

随着时间的推移，我们的身心变得僵硬，唯恐我们变得小心翼翼。我们头脑中的不可能之物越来越少，直到我们再也没有任何想象力。保罗·格雷厄姆（Paul Graham）说企业家必须要厚脸皮，总要相信有更好的方法。与此类似，信息构架师必须背道而驰，总是用一种不同的方式重构想法和信仰。当然，理查德·沃尔曼

（Richard Saul Wurman），这位声名狼藉的"信息架构师"对此不以为然。

> 我更崇拜事物之间的空间、好朋友之间的沉默、音符之间的时间、会议期间的休息时间、建筑物之间的空间、负空间①……这是我接近万物的方式。我寻找一个拥有有效对立面的解决方案。不是看待事物的"不同方式"，而是"相反方式"。

事实上，沃尔曼先生已是如此的对立，他很容易忽略。他自己的太太亲切地将他的自画像描述为"宇宙中心的一小坨狗屎"。但是丹·克林（Dan Klyn）是对的，我们必须听荷兰大叔②的话。挑战社会规范的人有最有趣的事情要讲，毕竟，只有背道而驰者才会一手把美国建筑师协会1976年的全国代表大会转变成一场有关"信息架构"的对话。

---

① 译注：指的是一张图画或照片中，画面主体之外的空间部分。
② 译注：英文中荷兰大叔（Dutch uncle）意指吹毛求疵的人。

正因为如此，我选择称呼自己为一名信息架构师。我不是指与砖头和水泥打交道的架构师。我所说的架构师，如同外交政策中的架构师。我所说的架构师，能够创造使事物正常运转的系统的、结构的和有序的准则，是因为足够清晰而有告知功能的人工制品、思想或政策的周到制作。

自从那次大会后，我们实践的边界已如沙洲般移动。我们被吸引到架构、信息、计划、意义——看来中心已无法容纳。但这正是我们学科的力量，而非缺陷。我们定义和重构，我们破坏和重建。信息架构的中心是认知，在重构、再重构的过程中，我们获得认知。

沃尔曼最广为流传的一个观点是："组织信息的方法是有限的。它只能通过位置（location）、字母表（alphabet）、时间（time）、类别（category）或层次（hierarchy）来组织。起初，最后一个词是连续（continue），但他将其改为了层次，使得上述五个词的首字母缩写词成为"LATCH"。通过这样的替换，我们能看到他的计划是武断的，首字母缩写词朗朗上口，但它是错的。组织信息的方式是无穷的，正如佛陀爷爷曾说的，别把任何人置于你之上，因为即使是荷兰大叔也是错的。

要建立力量和灵活性，我们的思想应该对我们不喜欢的人和观念开放，并去挑战我们所喜欢的。比如，斯图尔特·布兰特（Stewart Brand）的"步速－层次"理论广受欢迎。他认为在复杂的系统中，重要的是不同的层次能以不同的速度变化。快速和慢速的结合创造了弹性，快步速学习，慢步速记忆。快步速得到我们的关注，慢步速获得所有力量。

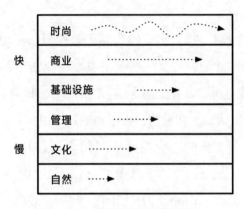

图 2-26　文明的步速-层次

他非常出色地将这个模型用于解释建筑——网站、结构、皮肤、服务、空间计划、素材——以及它们如何及时学习。从那时起它就被广泛应用于诸多领域。层次的次序提供了舒适，它掩盖了控制措施。但所有的地图都是陷阱，它也不例外。那么，步速－层次的反面是什么？是万物深度互联吗？

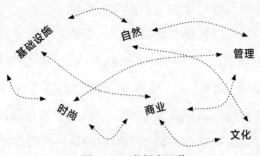

图 2-27 万物深度互联

　　层次存在，或者层次不存在，两种说法都对、都有用，一切都取决于历史背景。在 20 世纪 90 年代，软件和硬件的设计分属不同层次，这显然是正确的策略，直到史蒂夫·乔布斯（Steve Jobs）回归苹果，并证明了合成与整合的力量。

　　我们在自己的网络工作中发现了类似的对立面。为了定义项目，主管们用层次做出限制。我们希望不用触动架构就能对界面进行更新；我们在没有内容战略的情形下优化搜索；我们跨越了孤岛，然后又让自己受陷于层次中；为了逃脱，我们必须帮助人们看到，对单一页面的一个简单改动如何能在代码和文化间激起阵阵涟漪。当我们用层次做出限制，寻找杠杆至关重要。

　　我们也应该把目光转向自然界中，以寻求洞见。例如，珊瑚礁是由多个层级组成的，但这只是看待它们的一种方式。20 世纪 50 年代，牙买加的珊瑚礁是蓬勃发展的生态系统中的一个可爱原型。数百个物种——鲨鱼、鲷鱼、鹦嘴鱼、杀手鱼——在多彩的海绵和从硬珊瑚基地中萌芽的羽毛状八足珊瑚中游弋。在随后的几十年里，珊瑚礁受到了压力和冲击，捕鱼业和旅游业迅速增长。20世纪80年，一场猛烈的飓风造成重大损害，但系统看起来出现了反弹，珊瑚礁的复原力给生物学家们留下了深刻印象。然后，在1983年，一种未知的病原体使得长刺海胆[①]的数量锐减。没有了海胆的节制，藻类迅速覆盖并杀死所有的珊瑚，整个系统随之崩溃。

在一块健康的珊瑚礁上，单一物种（比如海胆）被一个新的病原体毁灭可能并不会引发灾难性的后果，因为珊瑚礁的某项基本功能——比如限制藻类成长——可以由不止一种物种来完成。但是在高度缺乏免疫力的牙买加珊瑚礁，整体生态系统的持续繁荣变得完全依赖于某个单一物种持续完成该项工作。海胆的灭绝，原本是一个中等程度的危机，却引发珊瑚礁几乎在一夜之间崩溃。

---

① 译注：长刺海胆生活在珊瑚礁区的潮池或低潮线附近，以岩石上的藻类为生。

必须指出的是，没有人能预测这一连串的事件。容易观察到的跨层关系经常会在事发前变得不可见。弹性是一个生态系统通过抵抗力和恢复力应对动荡的能力。在我们的系统中，如果我们从层级向（将快速慢速融为一体）的杠杆移动，我们能够做出更好的回应。

安宁或顿悟

这一章从冥想和寻找无我开始，因为没有任何本体论比我们如何看待自己更危险。历史上，我们把人定义为自然的对立面，尽管边界并不存在。我喜爱我们的国家公园，但我们不能靠把荒野圈起来阻止时间的流逝。正如亚历克斯·斯特芬（Alex Steffen）告诉我们的，环境保护论的未来是鲜绿色的。

梦想在一个可持续、繁荣的星球上的一个鲜绿色的城市里度过你的单星球生活……我们需要通过聪明的创新、勇敢的进取心和政治的意志力，使可持续性成为义务、成为我们社会的普遍特征，而不是一种道德选择。我们必须重制我们生活的系统，我们需要重新设计文明，任何一方面做不到都是失败。

我们旧有的分类创造了外部效应。我们让自己能够在自己的系统模式之外制造污染、苦难和崩溃，但是每个行动都有一个不平等和非对立的反作用。我们在与命运打交道而不是物理现象打交道。人类并没有远离自然，而是自然的一部分，这让方程式变得更为复杂。尽管还不清楚我们将如何改变自身的发展轨迹，但需要先从重新定义我们自己开始。

2005年，我们家里新添了一只喜乐蒂牧羊犬。起初，我禁止她上沙发，但我们六岁大的女儿克莱尔（Claire）软化了我，她眼泪汪汪地说："诺斯（Knowsy）也是人。"2013年，印度政府也采取了相同做法，禁止对任何鲸类动物的圈养行为，并宣布"海豚应该被视为'非人类的人'，因此应该有其特定的权利。"而今，在美国，非人类权利项目（Nonhuman Rights Project）致力于重新将动物划分为人类，而非事物。

> 我们的目标非常简单，就是打破将所有人类和所有非人类动物隔离的法律墙。一旦这堵墙被打破，地球上的第一个非人类动物将会获得法律"人格"，并最终在法庭上占有一席之地——毫无疑问这是它们应得的。

文明可以说是一个道德边际不断扩大的故事。随着时间的推移，我们将善行从亲戚扩展到部落、国家，再到更大范围。1776年，当杰弗逊·托马斯（Thomas Jefferson）宣布"人生而平等"时，他含蓄地排除了女性、非洲裔美国人、印第安人、犹太人、贵格会教徒、天主教徒、没有财产的人，以及任何21岁以下的人。生命权、自由权和追求幸福的权利，只适用于不到10%的人口。我们是否将继续自我扩张还不甚清楚，但是我们难道不应该花些时间考虑一下我们的分类原则吗？我们的道德边界是模糊的还是固定的？它的中心是知觉还是苦难？我们如何定义同情？它是情感还是公平，或仅仅只是"强权即公理"？

在冥想中，佛祖领悟到一切皆是过程，不存在自我，2500年后，现代科学证明他是对的。细胞在人体内的平均寿命是7~10年，我们全身的骨骼每十年就会被替换一次。人是一个并不存在的模式，不仅仅是无常模糊了"什么是我的"，我们的边界也很模糊。人体是一个拥有十万个细胞的生态系统，而每个细胞又含有百万亿个微生物，它们一起影响着消化、体重、健康状况，甚至是我们的情绪。我们每个人有2~5磅的细胞。这赋予了沃尔特·惠特曼（Walt Whitman）的诗句"我辽阔博大，我包罗万象"以新的意义。

我们不知道自己的极限。弗朗西斯·克里克（Francis Crick）推测，屏状核（孤立的大脑新皮层下一层薄薄的组织，几乎与大脑的所有区域有双向连接）可能负责把人的种种感觉——视觉、听觉、触觉、味觉、嗅觉——整合成为单一、统一的意识体验。当然，每当我们统一时，我们也分离。我们在爱因斯坦名言中所说的"自我意识的视觉假象"中发明了"自我–他人"的一体。为了让无限的宇宙有意义，我们创建分类，以便降低复杂性。我们使用工具和语言在"心–身–环境"中分散负荷。

尽管有这些设备，我们对真相的搜索仍受限于一个非常小的手电筒，所以我们必须像俄罗斯方块专家一样翻转我们的分类。我们必须颠倒我们的本体论；我们必须在边境寻找怪物和机器人，并注意留心"黑天鹅"。除非我们活泼有趣，否则我们无法做出改变，因为学习意味着放手。E.M.福斯特写道："未来之歌必须超越信条。"他还发问："如果看不到我所说的，我怎么能知道我在想什么？"这些字句里有智慧，但要盯着手指看就会错过月亮。

起初，现实就是它本来的样子，没有概念、分类或者文化的介入。现在，受困于我们自己的地图中，我们开始冥想，搜寻无法言传之意，它是一种比文字更深刻的理解力。我们观察自己的呼吸来释放自我，知悉安宁和洞见、分类和连接，因为所有的一切都是单一路径的一部分。

第三章 连接

> 林中两路分，一路人迹稀。
> 我独进此路，境遇乃相异。
>
> ——罗伯特·弗罗斯特（Robert Frost）

我们与史逸欣①在她家的前院一起歌唱，心中充满喜悦。五月的第一个星期日，我与两个十几岁大的女儿克莱尔（Claire）和克劳迪娅（Claudia）在水山音乐节（Water Hill Music Festival）一起度过。水山音乐节是个一年一度的免费音乐会，一整个下午，街坊们都会在自家的前廊上为四邻和全世界放声歌唱。天空蔚蓝，阳光明媚，大伙儿赤足在草地上跳舞。我们各取其路，在由音乐、时光和门廊组成的地图小径上穿行游弋。但现在，我们齐声而唱，宛如一人而歌，用古老的方式发起呼唤和回应。

---

① 译注：Vienna Teng，美国华裔音乐创作人，以澄澈古典的美声与丰富温柔的钢琴创作著称。

一场人类灵魂的进化即将拉开序幕。

我们终将参悟，成为部分即成为全部。

我们终将参悟，世纪百年的兴衰自有其轨迹。

我们终将参悟，一人之命运即所有人之命运。

在苦乐参半的连接时刻，我们被萦绕心头的歌词、缥缈的钢琴乐和自己声音的旋涡所缠绕，然后这一切都急速消退，成为一份为我们所共享和深深铭刻的回忆，像是玫瑰唇的少女、步履轻盈的少年和互联网时代的曙光。

音乐可以触发关乎才智、情感和社交的多层面联想，它刺激我们大脑的多巴胺，用灵感和群体意识调剂快乐，这也是我对互联网源起的记忆。我们爱上了这种能让我们与世界各地的人们分享想法和经历的新能力。我们使用Telnet（远程登录）、FTP（文件传输协议）和Gopher[①]彼此互助；我们发现了俄罗斯饺子的食谱；我们为哲学、啤酒、纳米技术和社会正义建立了数字图书馆；我们为通过互联网共同学习、共同创造而兴奋，并被这个全球网络提升和聚合我们的潜力所深深鼓舞。

---

① 译注：Gopher是一个信息查找系统，在WWW出现之前，Gopher是互联网上最主要的信息检索工具，但在WWW出现后，Gopher失去了昔日的辉煌。

今天，人们很容易迷失在Facebook和奈飞（Netflix）的洪流中，但在当时，网络的一切均与连接相关。1934年，保罗·奥特莱（Paul Otlet）设想了一个学者工作站，借助于一种被称为"链接"的新型关系，将千百万张索引卡组成一张知识网。

1945年，范内瓦·布什（Vannevar Bush）设想过一种名为Memex的机器①，它可以让机器的使用者们共享一个联合的"网络路径"。20世纪60年代早期，泰德·尼尔森（Ted Nelson）发明了"超文本"一词，并着手实施"世外桃源计划"（Project Xanadu，也译"仙那度计划"）。这是一个非序列性的书写系统，带有可视化、可点击、不可破的双向超链接。

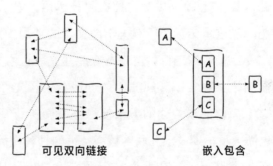

可见双向链接　　　　　嵌入包含

图3-1　泰德·尼尔森的数字世外桃源结构

---

① 译注：Memex是英文memory和extender这两个英文单词词首的组合，意为"记忆的延伸"。

1968年，道格·恩格尔巴特（Doug Engelbart）通过在一个名为"创新之源"（The Mother of All Demos）的展会中展示的超文本（和绝大多数现代计算机元素）"实现"了上述梦想。整个20世纪70~80年代，人们发明了几十种数据协议和网络，又不断将其整合。1991年，蒂姆·伯纳斯·李（Tim Berners-Lee）推出了万维网（World Wide Web）公共服务。众所周知，接下来发生的事书写了历史。

目前还很难去争论互联网的成就。但值得反思的是，在想法落地的整个过程中，我们到底遗失了什么。泰德·尼尔森就此进行了这种反思。2013年，他含泪为老友道格·恩格尔巴特致悼词，悼词以一个承诺开始："我将继续他的工作，在文件外部保持可链接性，就像他曾经做的那样。"在悼词中写入此类科技语，显示了两人对尚未实现的理想的庄重承诺。在所有关于超文本的梦想中，从奥特莱、布什再到尼尔森、恩格尔巴特，用户本应能建立和探索共享的路径，但现有的模型与之大相径庭。HTML的创造者们在文件内部创建了单向链接。这个简单的模块化的方法使得互联网流行开来，势如燎原，然而它也湮灭了早期关于互联网核心特征的种种憧憬。

泰德·尼尔森设想了一套垂直整合系统，可以管理从代码、界面到版权、小额支付的万事万物。数字世外桃源计划中的数据传输窗口将可以支持双向链接、文件嵌入和横向比较，它将会提升学者们的工作效率，将恩格尔巴特增加人类智慧的梦想再向前推进一步。如此，我们或许能参悟并解决世界上那些看似无解的问题。在悼词中，泰德·尼尔森将他们的勃勃雄心连同极度失望娓娓道来：

> 我曾对人类潜力有着极高的期望。但在对人类潜力的乐观展望上，无人能及道格·卡尔·恩格尔巴特。他给予我们翅膀与他一同翱翔，尽管他的心智已远远飞在前方，无人能望其项背……而我们还在一个计算机的浮华世界中踟蹰，周边风起潮涨、债务上升、匪盗猖獗、核弹嘀嗒作响。

如今我很欣赏泰德的观察视角，他的诚实令人耳目一新。但是，我宁愿选择混沌的希望，也不要清醒的绝望。我不认为史蒂夫·克鲁格（Steve Krug）的《点石成金》（*Don't Make Me Think*）一书的畅销是对人类本性的一种谴责。简单的解决方案得以胜出，是因为大多数人都太忙于思考反而没时间去思考界面设计和信息架构。我们绝非太懒而无法演奏恩格尔巴特的小提琴，不过是因为都忙于用自己的方式创造音乐。尽管文明可能会走向崩溃，然而现在改变路线还不算太晚，这就是我在乎互联网的原因。它不仅仅是一面镜子，还是一个杠杆。虽然今天的网络比以往想象的都更加可怕，但也更为神奇。

泰德·尼尔森唤起了我们旧有的关于可能性的意识，他启发我们想象，要是当初选择了一条不同的路，互联网现在可能将会是何种面貌。在这上面花时间是值得的，但前提是我们已决心将此身投入于前方的分岔路，因为我们下一站的行程，才是创造差异的根源。

链接

网络的核心特征是链接。点赞和关键词也很重要，但社交和搜索一旦上了量级便不能没有链接。是链接造就了网络，但我们却把时间花在界面交互，专注于外观设计但忽略了架构分析。这真是丢人。链接类型的丰富性和多样性呈上升态势，但想要从中受益，我们必须专心点。

起初，我们紧盯着导航，在移动和跨渠道的设计上，地图和路径仍至关重要。我们用链接为用户打造路径，让它们成为便利的工具帮助那些忙于做事反而无暇顾及自己正在做什么的人们。链接就像一支铅笔或一把锤子。用马丁·海德格尔（Martin Heidegger）的话来说，每件工具都是无形而隐晦的待用之物，但用户却被卡住了，因此我们也会使用链接制作地图。我们的菜单和分类是有形而明确的可用之物，只要专注，总能学会使用。这几乎总是一个不错的交易。

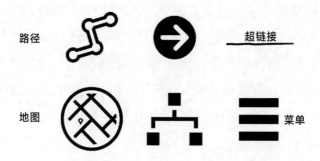

图 3-2　我们用链接制作地图和路径

识别比回忆容易得多，搜索不是屏幕上单词的代替品。玛西娅·贝茨（Marcia Bates）很久之前就曾指出，搜寻的过程是重复和互动，比数学更为繁复。我们发现和学习的内容，将会改变我们观望的方式和方向，以及我们搜索何人何物。信息的"觅食者"们满足于分布不均衡的信息环境，对他们而言，文字就是标记和气味。作为链接的文字可以招徕选择、激发信心，让我们知道身处正确的道路上。我们可能会认为，地图即是领土，那些由我们建造的带链接的路径和地点，在现实中是真正存在的。

搜索以放弃意外之喜为代价，换取精准度的不断提升。它同时也提醒我们，导航并不是链接的唯一作用。在谷歌的眼中，链接就是选票，在整体上，它们揭示了无形的结构（大规模的除外）。当然，链接将我们带出可寻性的框架之外。链接是有用、可用、可访问、可信赖和称心如意的吗？它一定是蓝色的吗？把它做成一个按钮会不会更好？如果做成一个带有悬浮文字的图标或者一个完全展开的大菜单如何？试试移动电话呢？代码、内容、设计和品牌提供了多种方式让人们意识到，链接不仅仅只是提供一个点击而已。

虽然单向链接是常态，但我们的系统承载了多种链接类型。链接可以打开标签页、窗口、多媒体播放器；链接还可以拨打电话、运行查询、启动手机应用程序。虽然引用通告[①]不是主流，但我们运用分析和链接日志来监控反向链接。我们想知道哪些网站链接到了自己的站点。在Kindle上，流行标记成为共享链接，让我们得以知晓哪些段落得到了最多回应。Twitter上的主题标签（#）不仅仅是链接，还是分类目录和评论。用户名是双向的，或许这就是为什么@TheTedNelson会出现在Twitter上。

---

① 译注：一种博客应用工具，实现了网站之间的互相通告。

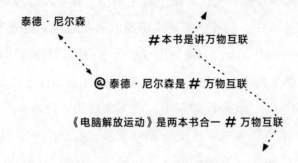

图 3-3 Twitter 上 "尼尔森方向" 的链接

如果观察得再深入一些,你会看到主语、谓语和宾语构成的三元结构尽可能精准地定义了语义关系。在本体论实验中,特定于域的实体模型、关系和属性推动了信息可视化和知识发现超越其自身的局限。我们身处教学系统的边缘,制作链接以发现新的问题。

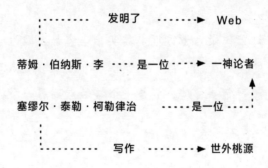

图 3-4 语义网络(The Semantic Web)建立在三元结构上

当然，链接本身并不仅仅局限于数字网络，你可以通过索引和引文随机访问一本书。公园用标志、道路和桥梁把各处连接起来。我们可能需要一张内容表、一幅地图或者一个隐喻，如此我们便可能知道我们从哪里出发、去向哪里。正如理查德·沃尔曼（Richard Saul Wurman）所言："我们只能理解与已知事物相关的事物。"当我们精心策划跨渠道服务时，这变得尤其重要。在商店，条形码和URL是产品细节和无尽走廊的链接。在机场，我们可以用手机登记、互换座位、找到出入口，或者连接我们以前从未连接过的事物。跨渠道服务的推出速度很快，而且接近于无形，因此我们需要路径和地图帮助我们展望何为可行。正如安迪·宝琳（Andy Polaine）在《服务设计》（*Service Design*）一书中所建议，两者之间的时空更值得我们关注。

将设计工作聚焦于方框上其实相当容易，因为它们代表了有形的接触点（网站、售票机等），但大多数人忘记思考该如何设计箭头体验，它是一个接触点到另一个接触点的过渡。

链接能带来空间和时间的移动，帮助我们完成几乎不敢想象的事情。在平视显示器提供的增强现实（Augmented Reality）中，地点成了人、内容和服务的链接。我们必须对迈出的每一步走向小心翼翼。在物联网中，物体成为指向自身故事的链接，可以通过吸收外部性改变文化。作为服务证据的折叠厕纸只不过是事情即将到来的一个信号而已。

  当分散的产品转向服务生态系统，我们的信息阴影随之变长，复杂性和混乱也会增长。我们将会需要路径的局限、地图的神话和意外的自我发现以营造合理性。我们还需要回忆过去——从嵌入到窗口移动——因为在转化的过程中原意尽失，记忆并不像看到的那样可靠地连接着。在未来的用户体验和服务设计中，跨渠道链接的结构是关键。方框仍然重要，但将它们的成果放大的，是箭头。

循环

  商业理论家卡尔·韦克（Karl Weick）建议管理者们从名词转变为动词，例如从名词的"组织"转变为动词的"组织"。我们会留意他的话。作为信息架构师，我们必须带着对时光因果之箭的欣赏，将激情奉献给结构和语义。我们或许可以从丢弃陈旧的图表开始，问问每一个图表因何而得以展示和隐藏。例如，流程图让事情看起来很简单，它将主要的行动和决策分解成一个个步骤，但是这种线性展示可能具有欺骗性，其目的在于隐藏政治和混乱。

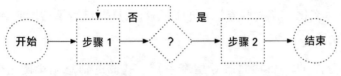

图 3-5 流程图将任务和决策分解成一个个步骤

甘特图帮助我们按计划行事，如期完工和相互依存成为头等大事。甘特图很好地展示了并发性，但项目质量却可能付诸东流。

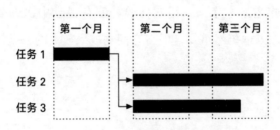

图 3-6 甘特图显示工期安排和依存关系

当我们准备深入挖掘，"鱼骨图"有助于进行根本原因分析。首先，确定问题所在及其主要的因果范畴，然后进行头脑风暴找出更多次要原因。"鱼骨图"帮助我们提高质量，理解因果关系，但它很少告诉我们接下来该去哪里钓鱼或游泳。

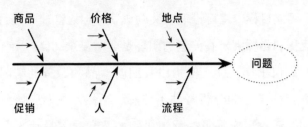

图 3-7 "鱼骨图"显示因果关系

"存量–流量图"让我们思考输入、输出、循环、限制；思考振荡、平衡和弹性背后的延迟。它有助于预测和分析系统哪里可能出错。但对大多数人而言，"存量流量图"过于复杂，并且极易受到"黑天鹅"的影响。

图 3-8 "存量–流量图"展示了控制和背景

每个图表都是有用的，但所有的地图都是陷阱，因此我们不只需要一份地图。通过将不同的模型混合起来，我们描绘出一幅图画，帮助我们洞察真相。我们已用空间图完成了此举，现在是时候来处理时间问题了。商业在表层停滞不前。管理者们假装测量方式简单而明晰：确立目标，追踪进展，奖励成就，但这并非其运行规则。将目标、流程和指标绑定在一起的闭环是非常复杂的。

我们如何工作、计量何物由我们的产品和服务的缺陷决定，今天这些肤浅而孤立的分析将站不住脚。当然，我们应该测量点击量和转化率，但对显而易见的反馈机制的执着很容易让人联想到在路灯下寻找车钥匙的醉汉。在有关 KPI（Key Performance Indicator，关键绩效指标）和 OKR（Objectives and Key Results，目标与关键成果）的喋喋不休中所遗失的是洞察力和综合推理的价值。我们是否应该进行客户满意度和忠诚度调查？当然！对雄心勃勃、可衡量的目标做出公开承诺可以激发积极性、提升业绩表现吗？是的！

但是我们必须警惕简化论和重复犯错。数字能向我们展示事实，但不能阐明原因，它们将未来当作过去的加总之和，其对我们思考模式和所作所为的塑造要远大于对知识的补充。一旦一个指标被定义，它就很难被忽略。如果我们把转化率当作一个指标，客户满意度和忠诚度可能就要遭殃。当我们公开承诺了一个目标，回旋的可能性就很小。我们关于数字的交谈变得举足轻重，事实和原因在前，正确的行动在后。

据说，赫赫有名的管理顾问彼德·德鲁克（Peter Drucker）有一句名言："无法衡量之物，亦无法掌控。"但明智如德鲁克，是不可能说出这种话来的。在他对一位企业高管的建议中,真相已不证自明。

> 你的首要角色是作为个体的人。它是你与他人的关系、相互信任的培养,对他人的辨识,以及社区的创建。这些事只有你能做。它不能被衡量或者轻易定义,但它不仅仅是一个关键功能,它是一个只有你才能执行的功能。

这些是我们必须要问的问题。什么重要但无法衡量?它被忽略了吗?在尚未完成之事中,哪些只有你能去执行?你行动的时机到了吗?通过将我们的光芒照进路灯无法辐射到的黑暗之中,我相信我们建立的链接会让事情别有一番景象。从一片虚无之中描摹出链接和循环之貌,就是让不可见成为可见。这种能力我们必须谨慎使用,因为我们画出的线条比我们想象的要难于清除得多。

对复杂系统的干预需要有幽默感和谦虚精神。我们都是蝴蝶,扇动着翅膀,对由此引发的混乱一无所知。在物理学和生态学中,复杂性限制了预测能力,这其中还排除了人类的乘数效应。我们的计划不仅易受蝴蝶的影响,也会被眼镜蛇效应所困扰。在殖民地时代的印度,英国政府曾尝试用现金奖励提供死眼镜蛇的行为,以期减少德里地区毒蛇的数量。这法子奏效了一段时间，后来，当地人开始自己豢养眼镜蛇，英国政府继而取消了赏金，养蛇人随之把自己的蛇都放生了。我们的行动可能使我们走向既定目标的反面，特别是牵扯到人的时候。护垫和头盔让橄榄球成了一项十分危险的运动。审查制度催生出更多的新闻报道。医源性疾病（因药物治疗和医生诊断不当而引发的疾病）已成为美国人口死亡的第三大原因，对医生的一次拜访，可能会要了你的命。当然，不正当的动机是原因之一，但实际情况比这要糟糕。人的行为很难预测，我们会犯错、不善于同数字打交道、出人意料地不按常理出牌。我们还互相模仿，致使思想和行为（无论优劣与否）犹如野火般蔓延。简言之，由于人的存在，复杂的系统变得更加怪异和难以预测。

数年前，我曾为一家慈善基金重新设计信息架构。基金负责人跟我确认，网站的主要目标是帮助有抱负的候选人申请资助。但用户调研的结果发现，申请人对网站浏览体验感到很失望，因为有关申请机会和截止日期的关键数据分散在网站的各个角落。我想了个办法，做了个新网页，附上一张简单的表格，向访客展示"何种项目将于何时开放"，它的链接被放在基金会网站上所有可申请项目区域，结果这个网页大获成功，访问量仅次于网站首页。就在它发布后不久，该机构的董事会注意到了这个表格，并对不接受申请的项目数量之多感到震惊。

这事件在慈善机构内部掀起了一场风波。有传言说那个网页会被撤下来。接着,一些项目把申请状态从关闭变为开放,说明尾巴也有可能摇动狗①。然后我又听说这不属实,那些项目并非真的开放。幸运的是这种状况并没有持续很久,最终还是透明性赢得了胜利。这家慈善机构澄清说,根据其提供资金资助的策略,已将若干区域的主动申请需求排除在外。该机构的经理们熟知各自社区里的每个人,他们会主动邀请合适的人来做申请,推进合作,并据此发放资金。

图 3-9 信息改变组织机构

这一颗小卵石引发的涟漪令人陶醉。信息架构中一个温和的变化就让人们对组织机构的战略和文化产生了质疑。我对由此引发的

---

① 译注:比喻不重要的事占据了主导。

反思感到由衷高兴，但我不想以此邀功，因为它不是我的目标。生活中的惊奇要比我们大多数人愿意承认的平淡得多。

归纳法带来的问题是引发我们犯错误的原因之一。我们用尽生命中的时光，冀望于借助过去的知识看到未来。我们观察特殊事件，总结普遍规律。归纳法是我们认知方式和认知范围的根源，它的效果出奇的好，直到纳西姆·塔勒布（Nassim Taleb）一针见血地指出：我们发现自己是火鸡，而不是天鹅。

> 设想有一只每天被人类喂养的火鸡，每次喂食都会强化火鸡的信仰，即每天被人类喂养是天经地义的事，正如一位政治家所言，这出于人类中的好友份子"寻求自身利益最大化"的目的。在感恩节前那个周三的下午，未曾预料之事将会降临在火鸡身上，它的信仰也将由此逆转。

这让我想起了杰西潘尼（J.C.Penney）垃圾链接的丑闻。这家美国零售商雇用了一个搜索营销公司，以期提升它在谷歌中的排名，结果也如他们所愿：连续数月，杰西潘尼都排在诸如"新秀丽随身携带行李箱"和"黑色小连衣裙"等关键词搜索结果的首位。公司的高管们被"喂养"得很开心，直到《纽约时报》曝光了他们的"黑帽运动"①，谷歌随后撤销了他们的排名，杰西潘尼的高管们发现自己成了那只火鸡。

数年后，杰西潘尼除了砸广告费外，仍然没有其他方法跻身谷歌搜索的首页。依赖于一个黑盒子产生的结果是愚蠢的，千万别相信它能奏效，要多问原因。当理解之后，我们将提升自己管理事件的能力。我们可以改变策略，或是策划一个回应，但我们永远不可能完全逃脱归纳法的局限。这就是那位幸运农夫的故事所透露的寓意。

有一天，农夫的马跑丢了。他的邻居们嚷嚷说："真够倒霉的啊！"农夫回应说："也许吧。"第二天，马又跑回来了，还带回了三匹野马。邻居们尖叫："太棒了！"老农夫回应说："也许吧。"第三天，农夫的儿子在骑野马的时候从马背上摔下来，结果把腿给摔断了。邻居们认为这是"可怕的厄运。"老农夫回应说："也许吧。"第四天，军队到村庄里抓壮丁，农夫的儿子因腿伤而逃过一劫。邻居们说农

---

① 译注：泛指使用作弊或可疑手段提升搜索引擎的结果排名。

夫实在太幸运，事情竟然能发生这样的转机。老农夫依旧回应说："也许吧。"

预测未来是不可能的，但我们还是一再把时间浪费在这上面。我们对那位颇具禅宗精神的农夫的智慧点头称赞，然后继续跟往常一样埋头做事。我们制订计划，循序渐进，一旦事情出了岔子就勃然大怒。觉悟不是矛盾，我们关心结果，并且在一定种程度上可以施加掌控。预测可以帮助我们用不止一种方式看到未来。

预测行为是如此的普遍，以至于我们"觉察"到的万物（世界如何在我们眼前呈现）并不仅仅来自我们的感官。我们觉察到的世界是感官感知和大脑衍生的预测的组合。

正如杰夫·霍金斯（Jeff Hawkins）所言，开门的简单动作建立在预测的基础上。记忆让我们不假思索地打开前门，我们预测转动门把手将门推开的那一刻将会发生什么。如果门卡住了，并且预测被证明是错误的，我们的注意力就会开启，同时开始发问。我们所"见"的大部分都建立在预期之上。神经系统科学家拉玛钱德朗（V.S. Ramachandran）曾对此解释道：

一波神经纤维往前涌动之际，至少有同样数量的另一波神经纤维正从大脑处理系统的各个阶段向更早期阶段回流……传统概念认为，视觉是对图像的逐阶段顺序分析，然而随着复杂性的增加，这个传统概念已因大量反馈的存在而被消解。

这解释了人们为何容易受到视力幻觉的影响，以及目击证词的不可靠。真相位于"眼见为实"和"信则见之"两者之间，预测能力不只是视力好坏的事。

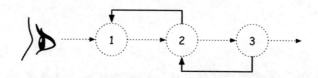

图 3-10　在人体的视觉系统中，反馈远比摄入多

音乐、管理和想象力皆事关预测。一首歌会让我们惊喜，管理者们倚重因果关系，我们在一波又一波的反馈中做梦，探索自己预测的结果。期望，是我们全部所思所为背后的驱动。用杰夫·霍金斯的话来说："预测不仅仅是大脑众多工作之一，它是大脑皮层的首要功能和智力的基础。"

不对未来做预测是不可能的，但我们预测的结果从来就没准确过。我们用"心智理论"[①]来预测同事、客户的行动和反应，但人们总是充满了意外。做实验能有所帮助，但归纳法自有其局限。即使是最小可行性产品也无法大规模预测长远之事。我们不可避免地要继续前进，而且经常是高速前进，但即使是在赛跑，时刻警惕错误也是值得的。我们的错误常常是微小的、显而易见且容易修复的。我们要留心提防的是那些大错误。它们不仅难于更正，更难于被发现。组织学习理论的先驱克里斯·阿吉里斯（Chris Argyris）对"双循环学习"（double-loop learning）的主张是正确的，他用类比的方法介绍了这个概念。

当房间温度低于68度[②]时，恒温器会自动开启进行温度调节，这是单循环学习的一个绝佳范例。恒温器也许会质疑："为什么我要设定在68度？"然后它开始探索其他度数是否有可能更经济地达到给房间加热的目的，这就是在进行双循环学习。

---

① 译注：指个体理解自己与他人的心理状态，包括情绪、期望、思考和信念等，并借此信息预测和解释他人行为的一种能力。
② 译注：这里指华氏度数，约为20摄氏度。

当然，组织机构中的双循环学习现象是非常罕见的。认知防御和组织文化让人很难去质疑基本的信条。成功人士和组织是最糟糕的，因为他们从来没有学习过如何从失败中汲取经验。专家、高管及类似的人物否认问题，转移责任，关门停业；组织机构在悬崖边缘高效地运行。我们能做得更好，但这需要承诺。我们必须面对想法背后的假设，必须让冲突的观点浮出水面，并将它们作为猜测置于公开环境验证。我们必须愿意去批判和改变我们的目标、价值观、框架、政策和策略。

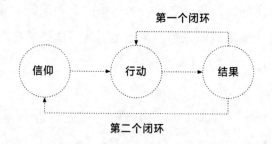

图 3-11　双循环学习的两个环路

总之，我们必须走得更远，打破表面的坚冰以探寻真相。这让我想起了罗伯特·弗罗斯特的《未选择的路》(*The Road Not Taken*)。自从中学时我就喜欢这首诗，也是我过去二十年来做决策时的灵感来源，我选择了一条少有人走的路，成为一位信息架构师，当然，我也闹了笑话。几年前，在辅导女儿做功课时，我在网上搜索"未选择的路是什么意思"，然后发现"落叶覆盖道路，没有践踏的污痕"。原来我一直都是错的，少有人走的路从来就不存在，一声叹息，真相被揭示。弗罗斯特丢下线索并对我们发出了明确的警告。

你务必要当心，这是一首微妙的诗，非常难以琢磨。

尽管被他的诗句所鼓舞，我们却错失了他的本意。我们选择了一条少有人走的路，知道它将带来一番完全不同的景象。大家只能想象由群体误读招致的意外后果。至于我，则更加喜欢这首关于分岔路的诗，它带我走过了两个环路。

分支

1941年，阿根廷失明的图书管理员豪尔赫·路易斯·博尔赫斯（Jorge Luis Borges）创作了一篇奇妙的小说——《小径分岔的花园》（*The Garden of Forking Paths*）。这是一个关于一本书和一个迷宫的故事，"时间有无穷的系列，背离的、汇合的和平行的时间织成一张不断增长的网……囊括了所有的可能性。"运用比喻来连接空间和时间的分岔路是诗意而诱人的，还有数学的递归之美。

1991年，人工智能和决策理论的博学先驱赫伯特·西蒙（Herbert Simon）写道："我在生活道路的迷宫中遇到过许多分岔路，时而选择向左走，时而选择向右转。对于一个将科学生涯投入研究人类选择的人而言，迷宫的隐喻实在难以抗拒。"

这是一个很有力的隐喻，但所有的地图都是陷阱。分岔路在事后看来或许都是显而易见的，但要想提前觉察却不容易。我们不是没有尝试过，然而所有的决策都是在没有完整理解选项和后果的情况下做出的。我们的大脑对选择和结果的想象陈旧而老套，当可能性过于模糊，我们便止步了。

我们在"有效拖延"①的状态中混日子，尽管很难给混日子找到正当借口，但它却是完全正确的事。我们必须争取时间来找到自己的路，因为选择、行动和认知之间的关系远比我们愿意承认的凌乱得多，而一旦我们开始行动，就再也走不了回头路了。或许那个能提供最明智决策的用具不是叉子而是叉勺。

---

① 译注：指为了逃避真正需要做的事情而让自己忙于另外一些一直拖延着没做的事情。

图 3-12 仔细选择你的叉子

没有谁比卡尔·韦克（Karl Weick）更了解做决策是一件多么棘手的事了，但要解释他的观点，却很难知道该从哪里入手。像爱德华·摩根·福斯特（Edward Morgan Forster）[①]一样，韦克请我们通过以下问题思考行动对认知的影响——"在我听到自己说什么以前，我如何能知道自己在想什么？"韦克认为，回顾性的意义构建比我们所知道的还要常见。我们先行动起来，然后再合理化我们的目标，但预测未来也是其中一部分。在组织机构中，意义构建最基本的元素是"再互动"。当 A 的行为引起 B 的回应，这是互动；而 A 对 B 的回应的反应，就是再互动，意义因此而产生。

---

① 译注：爱德华是 20 世纪英国著名作家。

图 3-13 再互动回路

第一步由我们已建立的意在参悟过去的模型所形成。在韦克看来,我们的思想是以类似"自我实现的预言"的方式得以"实现"的。

> 人们将他们头脑中的想法变成现实。这意味着,"信则见"不仅仅是一个文字游戏。

但是,在最初的行动后,承诺让我们的意义构建变得更加复杂。

> 当人们采取的行动是可见的(行动确实发生了)、不可撤销的(行动无法挽回)和自主意识的(行动人对此负有责任),他们常常会对证明这些行动的合理性感到压力,特别是当他

们的自尊心很脆弱的时候……因此,承诺跟隐喻一样,将成为智慧的敌人。两者都会将疑问和怀疑最小化。

这让我想起了斯科特·马可尼里(Scott McNealy)的一句评论。他是太阳微系统公司(Sun Microsystems)的联合创始人,担任该公司CEO(首席执行官)22年,为人直言不讳。在斯坦福大学的一次讲座结束后,有人向他请教如何做决策,他回答说,事实上"做出好的决策很重要,但我很少花时间和精力去担心如何做出正确的决策,我花很多时间和精力确保自己的任何决策都会变成正确决策。"

此话虽有洞见却也充满危险。智慧需要在信心和谨慎之间取得平衡。太阳公司没能预见到科技业从硬件到软件的迁移浪潮,最终被甲骨文公司所收购。对于双循环学习而言,我们必须首先承认错误,在这方面比尔·盖茨(Bill Gate)做得不错。比尔·盖茨基金会曾斥资20亿美元用小型学校替换大型学校,但后来发现只有中型学校才能获得良好效益。盖茨公开承认他们犯了一个昂贵的错误,并决定转换方向。

心理学著作《错不在我》(*Mistakes Were Made But Not By Me*)提醒我们,此类坦诚的认错令人耳目一新,因为它们太罕见了。主要问题不在于我们想欺骗他人,而是我们想愚弄自己。自我辩白的原动力是认知失调,当一个人的想法或信仰与自己先前一贯的心理认知出现分歧时,就会产生认知失调的紧张状态。如果一个"好人"做了一件"坏事",自我欺骗就要登场了。如果两个人做出截然相反的决策,时间会把他们区隔开。

设想有两个态度相似、能力相仿的学生,他们此时都在跟考试作弊的诱惑做心理斗争。最终,一人屈服于诱惑,另一人选择抵制到底。一周后,他们对考虑作弊感受如何?第一个学生对自己说这没什么大不了的,而第二个学生则认为这完全是不道德的。最后,这两种态度的分歧会越来越大,直到作弊者和守法者再也无法忍受对方。他们从同一点出发,但在"选择的金字塔"上被两极分化。

图 3-14　因自我辩白而分离

回顾性的意义建构在我们的生活中是一种无形而强大的力量。正如卡尔·韦克所建议:

当"是什么"在"为什么"之前,人们采取行动时便不会再那么随意了,因为不管他们做什么,都有可能绑定他们并且专注于他们的意义构建。

这就是我们在行动前必须先用时间和空间去探索的原因。正如大卫·葛雷(Dave Gray)所言,在知识工作中,目标是模糊的,创新至关重要,通往成功的道路不是一条直线。在《游戏风暴》(Gamestorming)一书中,大卫介绍了创新形成的三幕。第一幕是"扩散",我们开放思想,乐观而自由地扩充各类选项。第二幕是"浮现",我们通过寻找模式、测试原型和信赖缘分努力探索。第三幕是"聚合",我们运用合成分析和评估,以便聚在一处做出决策。大卫将这个开放、探索和关闭的过程描摹为一支两头削尖的短铅笔,但在我看来,它是一只在手柄和叉齿之间带有时空的叉勺。

图 3-15 创新的叉勺

无论哪种方式，都有三种行为施行在前，即使不确定性是可见的也无所谓。敏捷开发和Beta测试可以确保在公开试验中的安全。值得注意的是不可撤销性，它意味着你回不到原点了。在《反脆弱》一书中，纳西姆·塔勒布（Nassim Taleb）建议将"选择性"作为从不确定性的积极一面受益的一种方式。保持选择的开放性是最佳选择，因为信息和情报往往不适合观望。

当医生在指定时间内做出了一个正式诊断后，他们急于给疾病贴上标签、着手治疗、快速结单。这会导致他们先是忽略、既而忘记与诊断结果不符合的症状。这鼓励了可能远超过实际需要的自信心……一个微弱存在的预感（这意味着不会做出任何承诺）成了一个必须遵循的方向，而不是一个要捍卫的决策。

贴标签的行为在我们所有种类的工作中都值得关注。与地图一样，字词皆是陷阱，当我们思考自己要说什么时，说话就必须小心翼翼。操作顺序不同，结果便不同，所以流程非常关键。最近，我在从事一个原型项目，我们特意创建了并行的线框图和设计测验。在每周的工作回顾中，我们循环往复，时常对已经问过的问题再次发问。

有趣的是，问题的答案常会变化。当我头一次建议将"保存搜索"与"保存/分享结果"两个菜单合并时，客户坚持它们都应该保留下来。一周后，我又访问了同样的界面，并再次做出了上述建议。如果只保留"保存/分享结果"一个按钮，就可以避免让用户再点错选项，同时还可以帮助他们学习到相关的特性。这一次，客户同意了。我有时间详解我的论点，客户有时间来习惯我的想法。况且，这一天的会议又不怎么忙，双方都乐意接受改变。这次合作既耗时间又显凌乱。我们选择了一条分岔路，结果又绕了回来，但这个过程大大提升了质量。在一个行动和决策没有捆绑的安全时空，我们暂时"拆除"了自我辩解。

当然，我们往往缺乏时空这种奢侈品，这给开展合作和施行科学方法带来了局限。当棘手的问题出现时，人们偏爱做A/B测试。有时，这是个很棒的主意，但通常的情况是，系统的复杂度和连通性让A/B测试难以实行。分离变量是很困难的，我们不能总是通过初期反应去判断长期效用，使用者会随着时间流逝而适应变化。同时，创造能融合进整个流程的双重设计耗时又耗力。

埃里克·雷蒙德（Eric Raymond）①认为，分化是开源文化的禁忌，几乎永远不会发生。

> 分化一个项目面临着巨大的社会压力，只有在十分必要的情况下才会使用，并伴以大量的公开自我辩解和项目更名。

拥有分支的权力是开源的一项重要自由，但也是最后手段。子项目拥有较少的设计人员和开发人员，一旦完工就不可能推倒重来。虽然这么想想也挺好，但我们不能去探索平行宇宙。把你所有的精力和资源都投入到A/B测试的两个方案中根本是不可能的。现实中，我们常常必须满足于不完美的信息，此时，策略性的思考就大派用场。

在局外人看来，一个公司的行为和收购会显很混乱，但如果从公司后台来看，这一切可能都说得通了。例如，华特·迪斯尼（Walt Disney）建立了一个看似杂乱无序的帝国，但每块资产都在战略上契合其商业帝国的版图，如图3-16所示。他知道如何将这些部件组成一个整体，并且从不在黑暗中做出决策。

---

① 译注：埃里克是著名的计算机程序员，开源软件运动的旗手。

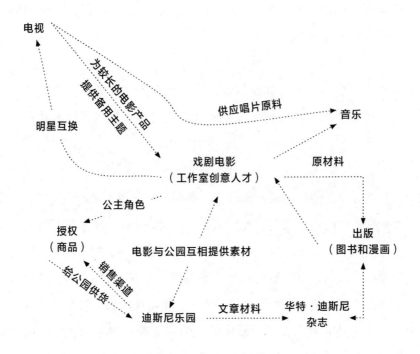

图 3-16 华特·迪斯尼的公司理论

美国西南航空公司也有类似的故事。西南航空以提供达拉斯、圣安东尼奥和休斯敦之间的短程航线起家。但这种简单的中枢辐射式航线网络很快就成了教科书案例，迈克尔·波特（Michael Porter）称为战略协调性（strategic fit），如图3-17所示。

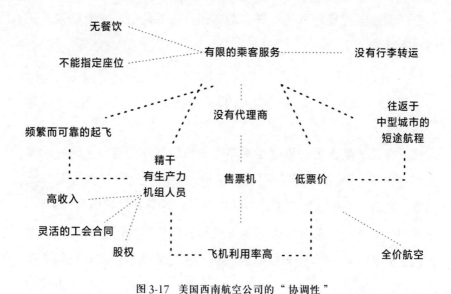

图 3-17 美国西南航空公司的"协调性"

首先，每一次活动都与整体战略有着简单的一致性；其次，活动加强了这一效果；最后，系统允许使整体大于部分之和的优化工作。没有密匙，协调性很难被破译，因此竞争对手们也无法抄袭，我们也更乐意去享受可持续的竞争优势。此外，一旦我们知道如何在战略上完成这张地图，做决策便要容易得多。我们知道每个部件应该归属于哪里以及为什么归属于该处，我们能够在优化整体的同时平衡局部利益的最大化。深入探索任何一家成功的组织，你都会发现一位深刻领悟连接艺术的领导者的印迹，它被建立在每个链接、循环和岔路中。

反射

人类已知最古老的乐器是用鸟骨和象牙制作的笛子，这种乐器出现在大约4万年前，但我们的部落祖先们早在这之前很久就开始唱歌、吹口哨、拍打他们毛茸茸的脚趾了。音乐并非我们身外之物，它是我们身体的一部分。音乐的交叉知觉模式产生的能量可以引发人们在社会、情感和智力层面的联想，这绝非偶然。在我们的"思想－身体－环境"的共同进化过程中，节拍、歌词、音乐、诗歌和隐喻都发挥了辅助性作用。在《讲述大脑的故事》（*In The Tell-Tale Brain*）一书中，拉玛钱德朗（V.S. Ramachandran）将创造力、通感和大脑结构之间的点连接在了一起。

在生物系统中，结构、功能和起源有着高度的统一。要想对其中任意一者的理解更上一层楼，必须也要同时对其他两者保持密切关注。

我回忆起得知我的妈妈在阅读时能从不同的字母、数字和单词中看到颜色：字母B是深蓝色，数字7是淡绿色，星期一是奶油黄。我们都嘲笑她的疯狂。数年后，我们发现她患有一种罕见的神经系统紊乱，被称为"联觉"[1]。对一些联觉者来说，触摸牛仔布的感觉是悲伤的，对另外一些人而言，钢琴上的C升调是忧郁的。我的妈妈仍旧疯狂，但她并不孤独。联觉后来变得很时髦，研究发现，跨感官知觉在艺术家、诗人和音乐家群体中是很常见的。突然之间，每个人和他们的妈妈都成了联觉者。但据拉玛钱德朗说，这种情况也算是接近真相，我们都在联觉的光谱内。色彩与情感的神经连接是适应进化的需求，以便人们能找到成熟的浆果，而我们对联觉的偏爱，是一种比适应进化还重要的生态扩展适应。"角形脑回[2]最初的进化可能是为了促成跨感官的联想和抽象概念，但随后它被人类用来产生所有类型的联想，包括隐喻。"

使用类比的能力是创造力的根源，就像未来一样，它不规则地分布着。我们都知道那条无人选择的路并不是真的关于路，但很多人都没有参透它的意义，只有少数人领悟了其艺术性。通过为"思

---

[1] 译注：各种感觉之间产生相互作用的心理现象，即对一种感官的刺激作用触发另一种感觉，这在心理学上又被称作通感。"字母-颜色"联觉是常见的联觉表现之一。
[2] 译注：心理语言学术语，它是视觉、听觉、触觉的交汇处，决定着人的抽象、类比和创新能力。

想－身体－环境"建立跨模式连接，我们将发明未来的互联网。这就是我们在数字世外桃源之梦的最初设想中都错过了的东西。仅仅提高人类智力还不够，行动、情感和觉察力也应是其中的一部分。

超文本是起航之处，但单向度链接是一个陷阱。为了逃离平地，我们必须提升洞察力。作为信息架构师，我们必须识别并利用时间和空间里的隐形连接。建立由信息搭建的场所是令人兴奋的，但这不是重点。我们必须作为个体、组织和环境联觉者直面挑战，我们必须让链接、循环和分支发挥正向的杠杆作用。跨渠道还不够，未来的系统是跨感官的，是时候设计和体验新型的连接性了。

系统思考不受欢迎是有原因的，它太难了。在理解力方面，绝大多数人依赖于文化，文化不仅告诉我们该选择走哪条路，也会带来一番完全不同的景象。文化是一个强有力且隐蔽的力量，极度拒绝改变，所以说，要让系统变得更好，我们必须从改变文化开始。它很难被看到，但它不是无形的。审视表面之下，我们会看到诸如艺术、音乐和我们自己编织的所有网，文化是我们自身的映像，也是我们对连接难以抑制的渴望。

第四章

文化

权威知识的力量不在于它的正确性,而在于它的重要性。
——碧姬·乔丹(Brigitte Jordan)

她们大步迈入运动场,身着黄色和蓝色;她们高挑、健壮、迅捷,自信将征服世界。到达此地并非易事,但在经过了无数个小时的练习、重量训练和全力以赴的有氧锻炼后,她们终于抵达。一年要花费数千美元才能发挥到这个水平,但如果没有最好的教练、设施和技术,你还不如干脆回家。

一月里某天清晨六点半,我看着14岁的大女儿的排球队列队进入运动场,心情复杂。周六早上五点起床,在雪中驱车一小时至此,这让我不太开心。几年前,我还曾嘲笑过这种精英体育场景,现在我成了其中的一部分。克莱尔身体健康、结交朋友、建立自信心、学习团队合作。

还是有点过分,我们的俱乐部让我感到不安,最让我心烦的是制服。她们很漂亮,因为我们的俱乐部由密歇根大学运营,姑娘们

第四章 文化 | 155

都身着蓝色和金色①制服。当很多球队满足于棉T恤时,我们配备了个性化、轻便、吸汗的耐克球衣以及与之搭配的短裤、热身装和背包。当姑娘们准备比赛时,我情不自禁地感到我们已身处错误的轨道。果然,我们被T恤队大败,就像电影中的情节一样。后来,在一天的惨败后,我告诉克莱尔别担心,这只是六个月赛季的第一场比赛,球队的成绩会越来越好的。

当然,从那时起就每况愈下。整个赛季,我们的教练都是个狠角色。有个女孩被教练斥责打球力度不够,后来发现,她的手指断了;克莱尔被告知不得休息,即使她觉得恶心,没多久,她就开始往桶里呕吐;姑娘们被教导如何欺骗裁判、如何说谎,教练让她们大声抱怨,克莱尔这么做了,结果被罚下场。父母们也好不到哪儿去。"虎妈"们迫使其他妈妈们伤心落泪,嘲笑对方球队,给教练支付每周私人课程的费用。对我们而言,这看起来像是付钱才能参赛的腐败,但几个家长都说,这个游戏差不多就是这么玩的。

第二年我们就换了一家俱乐部。新俱乐部价格稍便宜,但整体感觉好多了。教练告诉姑娘们,如果因为做家庭作业而错过了练球,那没关系,因为教育比排球更重要,他确实是认真的。当我们输掉

---

① 译注:密歇根大学的logo由蓝、黄两色组成。

一场比赛，你不会从"虎妈"们嘴里听到一个字，因为我们没有"虎妈"。姑娘们在一个旧仓库里练习，没有窗户和闪烁的灯光，没有什么特别，包括制服。这是我们喜欢的方式，它适合我们。

文化契合

在20世纪90年代，作为一家咨询公司的共同所有人和CEO，我聘请并管理了几十位员工。大多数时候我们都能找到对的人，但是偶尔我们也会雇用到不合适的人。文化错配的结果经常与免疫系统反应相比较，这个比喻还不错。第一个症状是炎症，疼痛之后是异物的隔离。但在组织内部，没有必要摧毁抗原，没人能长期忍受局外人的身份，他们会主动离开。当时，我觉得这些人有什么不对劲，我的文化融合已经完成，现在我知道这仅仅就是双方互不契合而已。

从事咨询业二十年，我一直是各种文化的游客。我曾与创业公司、财富500强企业、非营利组织、常春藤盟校以及联邦政府驻多个国家的机构合作过，我的客户来自各个领域，包括市场营销、支持部门、人力资源、工程和设计。有机会用多种方式学习和做事，是我工作中最棒的一部分。但我的兴趣远不止于文化旅游，多年来，我已经意识到，了解文化对我的工作至关重要。

首先，作为一位信息架构师，我必须要理解用户的文化。当我运行一个"可用性测试"，对系统的评估只是我的一半目标。我也希望发现系统使用者的信仰、价值观和行为模式。在施加我自己的理论之前，我想看看他们如何定义自己的世界。我们能从他们对语言的使用和对概念的分类方式中学到什么？他们信任哪个信息来源和权威？他们行为背后的含义是什么？多年来，我用设计民族志的轻量形式作为我进行用户研究的一部分。它帮助我更好地理解并向肿瘤学家、中学生、大学教员、投机商人和网络工程师提供设计，而且，随着我们设计的系统只会越来越根植于文化中，我确信我们必须更深入挖掘人类学。

其次，作为一个外部咨询顾问，我们必须理解我为之服务的机构的文化。今天的系统不仅是对用户的生活不可或缺，它们也日益成为我们做生意的方式的一部分。为了提升用户体验，组织结构图、指标、激励机制、流程、规则和关系的改变可能都是必要的。从代码到文化，连接及其结果无处不在。与"我们的工作方式"不一样的软件终将失败，就像不适合的员工会出局一样。因此我们也必须为利益相关者进行研究和设计。在我的研究中，我会就角色、责任、愿景和目标等对主管和员工们进行一系列访谈。并且我还发现，如果我没有用合适的方式提出正确的问题，或者如果我不仔细倾听并体会言外之意，我可能会犯错，误把表面之物当作事物本质，并发明一个不妥的设计。

图 4-1　我们必须为二元文化提供合适的设计

总之，合适的设计与公司和它的顾客都对路，与任何一方的错配都会引起致命错误。我们必须与用户和利益相关者一起使用人类学去寻找二元文化的契合。这很棘手，因为文化几乎是无形的，正因为如此，我们应该从地图开始。

绘制文化

麻省理工学院名誉教授、企业文化研究之父埃德加·沙因（Edgar Schein）提供了一个有用的定义。

> 文化是一种共享的隐性假设模型，由特定群体在处理外部适应与内部聚合问题的过程中发现，由于运作效果好

而被认可,并传授给组织新成员,以作为理解、思考和感受相关问题的正确方式。

文化是一种强大的、往往是无意识的力量,它塑造了我们个人和集体的行为。在组织内,文化体现于"我们在这里的行事方式",它影响目标、治理、战略、计划、招聘、指标、管理、地位和奖励。

文化是历史的产物,组织文化根植于企业家的价值观。在早期阶段,当领导者努力发展业务时,引导其走向成功的信念和行为被内在化,最终,它们变得天经地义、无形、不能讨价还价。

此时,若没有指南针和地图,很难破解文化。幸运的是,埃德加·沙因的模型提供了我们所需要的方向。我们可以用他的"文化三层论"提出任何关于机构的问题。

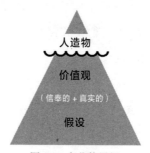

图 4-2 文化的层级

首先，一个来访者会看到、听到、感受到什么？人造物包括建筑物、内部设计和布局、技术、流程工作风格、社会行为和会议。谁是老板？你怎么看出来的？有音乐在播放吗？人们在谈论吗？他们衣着如何？坐在哪里？什么时候吃东西？什么让他们微笑？人造物容易看到，但很难对其进行解码。墙上的艺术品是可见的，但它透露出什么意味？为什么会被挂在那里？人造物不是答案，但它们能提出好问题。

其次，任务、愿景和价值观是什么？目标、战略和品牌呢？网站、年报和那些精心装裱在大堂的彩色海报提供了一个起点，但是与内部人士的访谈才是了解真相的唯一途径。信奉的价值观很难遗漏，但它经常与行为相悖，所以我们需要"告密者"帮助我们发现究竟发生了什么。如果团队合作是核心价值观，为什么个人如此争强好胜？如果组织是以用户为中心，为什么没有人去与用户交谈？认真倾听非常重要，因为内部人士可能不知道或不愿意说出真相。失调及其辩白理由是隐形文化的钥匙。

有关注才会有入口。

最后，哪些是被视为理所当然、不能讨价还价、心照不宣的信条？文化的第三层全是关于历史。创始人的哪些途径引导其走向成功？它们仍然有效还是对我们产生了阻力？当我们不能抓住未来，往往是由于我们被过往成就的光环蒙蔽而无视现在。假设是文化的基石，它们隐蔽且拒绝改变。随着组织发展壮大、科技进步和市场进化，旧有假设和崭新现实的摩擦不可避免，但人们不会质疑他们看不见的东西，这正是顾问能发挥作用的地方。只有局内人能实现文化变革，但往往需要一个局外人来草绘地图。

亚文化

没有哪一种文化是孤岛。为了理解文化，我们必须研究它的历史。比如，埃德加·沙因注意到"在一些组织中，亚文化与整体组织文化一样强大，甚至比后者还强大。"把它们视为"联合文化"可能更有用，以避免对影响力和权力的错误假设。为了获得成功，我们必须采用多层次的分析，并在重要的层级寻找杠杆。

几年前，我受邀去评估一家全球排名前列的科技公司的网内搜索。

问题都非常明显，客户满意度调查显示，可寻性高居投诉内容的榜首。搜索分析的数据显示，有48%的搜索结果其点击率为0。在将近一半的查询中，用户连一个搜索结果都没有点击，在我的用户研究中，我一次又一次看到，人们连基本的内容都找不到。一位顾客如此总结搜索结果界面:"这里有很多垃圾,过滤器都是官样文章。"

能通过这个机会提升搜索的质量让我很兴奋,但我很快就遇到了障碍。当我对利益相关者进行访谈时,一个模式浮现了。支持部门的人急于修复网站搜索,但是市场部的人并不太感兴趣。虽然他们大多数人都很有礼貌,没有这么直说,但是不难从字里行间揣摩出来。他们热衷于搜索引擎优化,因为它提供了新客户且易于衡量,但网内搜索与他们的使命感不符。他们没有在商学院学过网内搜索,这是个大问题,因为市场部拥有网站,手中有钱又有权。

因此,我和支持部门的客户一起撰写了一封短信,它将与市场部的人产生共鸣。我们在信中使用数据、讲述故事、援引专家。以下是摘录:

> 格里·麦戈文(Gerry McGovern)认为"支持是新的营销。"它暗示了一种新趋势:顾客对一家公司在线支持的评估正成为其购前流程的一部分。我们的潜在客户和合作伙伴都很聪明。他们知道支持工作是总成本的重要组成部分。如果他们不能快速找到所需之物,就会失去时间和生意。我们同样也可以在用户寻求支持时帮助他们知悉相关

的产品和服务。如果以一种"用户为中心"的方式完成此事,这种交叉销售和向上销售对我们、合作伙伴和顾客而言将是三赢的……马克·赫斯特(Mark Hurst)说"体验即品牌。"他承认了由互联网所驱动的从推到拉的构造转移。尽管名称、标识、价格、包装和产品质量仍是品牌的贡献者,但人们的感知越来越受到网站体验的影响。当顾客找不到他们所需之物,受伤的是品牌。在一个以用户为中心的设计时代,亚马逊、Zappos等消费者网站提供的良好体验塑造了用户的预期,很明显,网内搜索的糟糕状态是破坏性的,值得进一步关注和投入。

我们让顾客使用网站以解决问题,并将其过程录制成视频片段,让利益相关者能够看到、感受和分享他们的挫败感。我们还借力于该组织成功的最初来源(工程文化),指出一个缓慢、不完整的搜索系统可能会让这家以软硬件著称的技术公司蒙羞。最后,我们提供了一纸蓝图和一个计划图。我们信心倍增,这些难题可以得到解决,这个方法奏效了。我们用他们的文化作为表达的语言,他们听进去了,我们一起协力将搜索做得更好。

当然,一谈到共生文化,有一些东西你就是无法修复。1998年,当我为合并不久的戴姆勒与克莱斯勒提供服务时，就曾目睹此类情形。我们被聘请为他们统一的企业门户建立一个信息架构战略。通过把美国和德国的若干企业内部网整合成一个单一的信息源，管理层们希望能借此实现文化的融合。尽管这看起来不切实际，我们还是愿意放手一搏。但是随着我们了解得越多，我们就越没自信能完成这个任务，在与公司股东们做访谈时，我们发现信任的匮乏是显而易见的。

　　这是大规模的文化冲突。表面上，摩擦是由不同的工资结构、组织架构图、价值观和品牌所导致的，但更深层面的原因是国家文化的差异。美国人的创业精神和个人主义，与做事有条不紊、厌恶风险、团队导向、官僚文化的德国文化格格不入。那时，我们还不明白各种力量的交织，但我们知道统一企业门户将永远无法实现，当然，他们对此并不放在心上。最终，这起失败的并购导致超过300亿美元的损失。现今人们都认为致使它失败的原因是不是战略出了问题，但其实这笔交易是被文化冲突毁掉了。

　　这个故事提醒我们，公司文化根植于国家文化，而组织正是在国家文化中运转的。这把我们带到跨文化研究领域先驱人物吉尔特·霍夫施泰德（Geert Hofstede）的作品面前，他用洋葱做比喻，帮我们理解不同国家的文化。

图 4-3 文化洋葱

　　符号是对那些身处某种文化中的人具有特殊意义的文字、图像、物体和手势。英雄是活着或死去的、真实或想象的人，他们展现出榜样的品质。仪式是技术上多余但社交上必不可少的活动，就像我们说"请"和"谢谢"的方式。这三者都可以看作是实践，对外部观察者可见。隐藏的核心由价值观形成，它被定义为"偏爱事物某种状态的明显趋势"。我们对善恶、危险、美丽与自然的感受是价值观，它们在人们童年时就已形成。实践是后来的做法，人们在学校和工作中学会实践。

　　在把不可见变为可见的英勇努力中，吉尔特·霍夫施泰德主持了一项持续几十年的跨国项目，以研究文化差异。他的结论是，六个维度——权力距离、个人主义、男性主义、不确定性规避、实用主义和放纵——有助于了解我们为人处世风格迥异的原因。让我们通过对两个国家的对比来一窥究竟。

"权力距离"描述了社会成员在多大程度上接受并期待不平等的权力分配。在"所有人生而平等"的美国，其分数相对于中国很低；在中国，正统权威、等级和不平等都堂而皇之地存在。随着不平等现象在美国越来越多，我们可以期待文化抵抗的兴起。

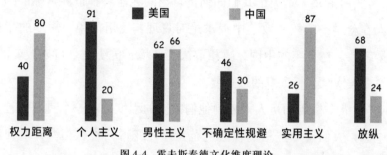

图 4-4 霍夫斯泰德文化维度理论

"个人主义"衡量的是社会成员之间的相互依存度。美国是世界上个人主义最盛行的社会，在这个国度，人们理应自己照顾自己和他们的直系亲属。相比之下，中国是集体主义，更多强调"我们"而不是"我"，人们隶属于"内部集团"，而集团负责照顾他们，以换取忠诚和优待。

"男性文化"是由竞争、自信和物质成功驱动的，而女性文化社会比如瑞典和挪威更看重合作、谦虚、关爱弱者和生活质量。美国和中国都是男性化社会。在男性化社会中，同性恋被视为一种威胁，而这一维度的标签是政治不正确的。

在日本这种盛行"不确定性规避"文化的社会，就用计划和仪式来管理风险、模棱两可和对未知未来的恐惧。美国和中国在这方面的得分较低，两个国家都对新想法、做法和技术持开放态度。

"实用主义"是关于我们如何用自己的无能解释世界。标准的美国人在科学、宗教和政治中追求绝对真理，使用简单、短期的指标衡量绩效。在务实的中国，真相取决于环境，传统也是可以改变的，节俭令人钦佩，长远真的很重要。

"放纵"衡量的是人们控制他们欲望的程度。在一个克制的社会如中国，人们遵守严格的社会规范，往往变得愤世嫉俗，并对休闲持轻视的态度。在放纵的美国，我们完全自由地通过享受生活和玩乐来满足天生的欲求。

吉尔特·霍夫施泰德认为这些价值观建立在国家范式之上——中国（家庭）、德国（秩序）、英国（系统）、美国（市场）——它们在一起相互作用，塑造了每一个国家的独特文化。他还让我们思考多层次文化之间的关系。

国家价值体系应被视为一国的既定事实,就像一个国家的地理位置或气象状况一样牢固。在此后的生活中获得的文化层级往往更加易变。组织文化的情形尤其如此,组织成员加入时皆为成年人,这并不意味着改变组织文化很容易,但至少是可能的。

我们的信念和行为产生于国家文化、组织文化、社区文化、家庭文化,以及个体人格和人性力量之间的相互作用。试图画清边界的价值不大,相反,我们应该以它们生存的相关共生文化和历史的粗略地图为目标。深入探究文化,会发现永远寻不到源头,但没有理由放弃。在完美的视觉与完全的盲目之间存在着我们所知的全部真相。

认知方法

知名企业人类学家和受人爱戴的设计人种学教母碧姬·乔丹(Brigitte Jordan)曾凭借一个系统卓越的跨文化分娩研究在其职业生涯早期留下浓墨重彩的一笔。20世纪80年代在美国一家城市医院进行的一次研究中,她使用视频、医疗记录和产后访谈,对产科文化进行了探索和描述。

与产妇一同出现在产房中的人是她的丈夫和一名护士……丈夫似乎被吓到了……护士的处境微妙……她需要尽可能准确地评估产妇的状态,以便能够及时在需要医生到场的分娩紧要关头召唤他,但又不能太早叫医生,以免浪费他的宝贵时间……她全神贯注于电子胎儿监护仪(EFM)……尽管从来没有证据表明常规的EFM治疗可改善出生结果……护士不让产妇用力,需要尽一切努力让她不要屈从于强烈的分娩冲动。护士让产妇将这股冲动压制足够长的时间,直到等医生进来并宣布她可以开始分娩。护士呼叫了医生好几次,他都没有出现……医生终于来了,还带着一个男性医科学生。医生给产妇做了检查,宣布她已经准备好用力了。工作人员准备为她分娩……孩子是由医科学生接生的,他宣布生下的是一个男孩……最终,婴儿出生几分钟后,他被递到母亲的怀抱。

在婴儿出生前的半个小时,产妇"知道她不得不用力,也清楚地说了出来"。护士基本上忽略了产妇的身体和声音,只是不停检查EFM(5分钟内19次)。当医生进入产房后,他没有与产妇交谈,在他做出决定后,他说"她可以用力了",接着护士向产妇传达了这个信息。

在整个分娩的过程中，参与者们都努力维系着产妇本人的知识毫无意义的状态。他们都知道她"不能"用力，直到医生给出了官方的放行信号。在这个特别的知识系统中，大家都相信只有医生才知道产妇何时做好了用力的准备，而这个信息是医生在对阴道进行宫颈扩张检查时得到的。这个幻想是由集体协作维持的，参与者有产妇本人、她的丈夫、护士、医科学生；而事实上，任何一个留心察看或倾听的人都能看到，这名产妇的身体已经做好了要把孩子生出来的准备，但是，产妇通过亲身经历所了解和展示的信息，却没有任何地位。

简而言之，产妇被当作一个物体，而医生对事实负责。乔丹用这个强大的人种论来说明"权威性知识"的概念。

在任何社会情境中，都有许多认知方式存在，但一些方式比其他方式的分量要重。一些知识变得不足为信，继而贬值，而另一些则为社会认可、重视，甚至变成"官方的"，被公众接受成为合理推断和行动的理由……承认一种认知方式的权威并将其合法化，会令所有其他认知方式贬值（常常完全消散）……权威知识的构成是一个持续的社会过程，它建立和折射了社会实践中的权力关系……权威知识的力量不在于它的正确性，而在于它的重要性。

公平地说，我们也许有充足的理由依靠分层决策，但权威知识是由效用和权力驱动的。所以询问哪种方式更好是幼稚的。对谁而言更好？在哪种情况下更好？为了何种目的而更好？这些都是我们必须要问的问题。

不久之前，我们认知的方式各不相同。印刷时代来临之前，我们严重依赖于个人经验和感觉，用证据和归纳来发现真相。一段时间后，我们用仪器和规范化试错作为科学方法以延伸我们的感官。我们用推理增加经验认知，用理性和逻辑来证明真理。要吸收二手知识，我们必须亲自实践。文化的智慧存在于仪式、习惯、法律和神话中，权力、权威和信任都集中于社会。

今天大多数知识都是二手的，我们甚至不知道它来自何处。从无数来源获得大量相互矛盾的信息会导致过滤器失效，我们不知道该相信什么，因此我们转而依靠简单的认知方式。我们信任专家和权威人士，我们遵从医嘱，或者我们完全拒绝专业知识。就像美国参议员詹姆斯·英霍夫（James Inhofe）[1]说："我们知道全球变暖是一场骗局，因为地球的外部还很寒冷。"当然，我们不是被迫走向一个极端的，我们可能会允许很多信息的输入，然后依靠直觉寻找真相。

图 4-5　认知方式

我们经常在个人生活中这么做，但在生意场上也这么做就棘手了。很难让别人"相信我的直觉"，因此我们通常会制造证据。雇用专家以验证行动过程、规划用户研究以通过界面评审、定义指标以支持计划。为了证明已知之事，我们付出的努力之多令人惊讶。

---

[1] 译注：美国俄克拉荷马州参议员，长期以来宣称全球变暖是一个骗局。他曾说："上帝依然存在。有人认为我们人类可以改变上帝对气候的安排，这种傲慢的想法在我看来是非常离谱的。"

在一种文化中，权威信息的特质大多是无形的，内部人很少会质疑他们习以为常的认知方式。作为一名咨询顾问，我的一些客户对我的专业知识过于信任，另一些客户则不够信任我。一些人把"可用性测试"作为真理的唯一来源，另一些人通过跟踪转化率来获得什么是正确的，还有非常多的人只相信老板最懂行。

作为一个局外人，我的角色就是问他们之间永远不会被问到的问题，但当我开始的时候，我不知道该问什么或者到哪里找到这些问题。因此我采用了一个能提供宽度和深度的多元方法研究过程。我沉溺于各种数据之中，与各色人物交谈。尽管我从观察和分析入手，我的目标是洞见和合成。朝着这个目标，我发现轻量形式的人类学是深入挖掘用户和利益相关者文化的有力工具。

设计民族志

不出所料，符号人类学的杰出先驱克利福德·格尔茨（Clifford Geertz）用隐喻的方式定义了文化。

> 我和马克斯·韦伯（Max Weber）都相信，人类是悬在他自己编织的意义之网中的动物，我以为所谓文化就是这

样一些由人自己编织的意义之网,对文化的分析不是寻求规律的实验性科学,而是寻求意义的解释性科学。

人类学就是我们如何发现和描述这个意义的,格尔茨认为定义它的不是一种方法,而是一种特殊的认知方式。"定义它的是脑力劳动:借用吉伯特·赖尔(Gilbert Ryle)的一个概念,是在'深描'①中的一次精心设计的冒险。"

对较易通过观察得到的表面行为的"浅描"没有抓住要领。眼皮的收缩掩盖了不由自主的抽搐和密谋式的眨眼之间的巨大差距。②民族志学者需要了解行为背后的意义。

在《民族志访谈》(The Ethnographic Interview)一书中,詹姆士·斯普拉德利(James Spradley)对深描艺术进行了一次深描。他视词语为文化的关键,提出"语言不仅仅是一种交流现实的手段:它还

---

① 译注:深描(Thick Description)一词最早由吉伯特·赖尔提出,格尔茨借用他的概念,将深描一词引入人类学。他认为,民族志的工作就是对个案进行详细和丰富的描述,从而达到对地方性知识的观察、理解和阐释。
② 译注:吉伯特·赖尔在讨论深描时曾举过眨眼睛的例子。假设有两位少年正在迅速抽动右眼皮,一个是无意抽动,另一个是向一个朋友投去密谋信号。在场的第三位少年想给他的好友制造一个恶作剧而滑稽地模仿第一位少年的眨眼示意。三者的动作是一样的,但却表达了不同的含义。由此类推,再假设有人正在排练眨眼动作等等,事情会继续复杂化。如果仅凭表面观察,眨眼和挤眼的动作是完全相同的,但当它处于交流过程时,却并非人们表面所见的单纯行为,而是包含以上几种可能性。

是一种建构现实的工具。"他要求民族志学者关注我们听到和使用的词语。比如，我们研究和采访的人都是信息提供者，不是物品、应答者或者演员。

  民族志学者对与他们一起工作的人采取一种特别的立场。他们用微妙的方式和直接的声明用语言和行动说："我想从你的角度去了解这个世界。我想用你了解事物的方式去了解你所了解的。我想了解你的经验的意义，想穿你的鞋走路，想用和你一样的方式感受事物、解释事物。你会成为我的老师，帮助我理解吗？"

我们必须注意我们提问的方式。斯普拉德利详述了他研究"无家可归的人"的经历，而这些人其实是"游民"。他指出，如果你问他们"你住在哪儿？"他们会回答："我没有家。"他们运用翻译能力或"将一种文化的意义翻译成另一种文化中的适当形式。"他们告诉你他们认为你想用你的语言听到的内容。但如果你承认自己的无知并且提出描述性的问题（比如，跟我说说你一天是怎么过的。你在哪儿睡觉？在哪儿吃东西？你是做什么的？）你可能会学到什么是"栽跟头"，并意识到他们根本不是无家可归的人。

我发现"失败"是一个蕴意丰富的短语，我几乎没有触及其表面含义。我的信息提供人识别出了一百多个不同类别的失败。他们有定位失败的战略，为的是保护自己免受天气和失败入侵者的影响。失败定义了他们的友谊模式，甚至是他们的违警记录……我意识到，在某种程度上，失败对游民而言就像是一个家，但我不只是为了我的民族志将一个术语翻译成另一个。相反，我努力工作以阐明这一概念的全部含义，用它们自己的术语来描述它们的文化。

民族志很棘手，因为我们不仅要从信息提供者那里发现答案，还要找到问题。我们太容易把自己的假设强加于他们的文化之上。在观察和访谈中，我们应致力做到禅宗所说的"初心"（beginner's mind）——保持开放、警觉和好奇的态度，不要预设信念和期望。比如，如果我们研究高中学生，不要先从具体的学习或体育运动问起，我们可以说："如果我们一起吃午饭，你可能会给我讲些什么事情呢？"这是在邀请我们的信息提供人用他们的语言告诉我们对他们而言至关重要的话题。

当然，完美的开放既不可能也不可取。作为民族志学者，我们寻求提升我们目标的洞见。斯普拉德利的普世文化主题清单是一个良好的开端。他建议我们寻找社会冲突、文化矛盾、非正式控制技术（比如，流言蜚语、奖励）、与陌生人打交道的策略，以及获取和保持地位的方法。与此类似，霍夫斯泰德提供了一个访谈清单，但他的目标是企业文化。

符号：有哪些特殊的措辞是只有内部人才明白的？

英雄：哪种人在这里的职场晋升速度最快？你认为谁是对这个组织有特殊意义的人？

仪式：你会参加什么样的定期会议？人们在这些会议上表现如何？这个组织有哪些庆祝活动？

价值观：人们喜欢看到这里发生什么事情？个人能犯下的最大错误是什么？哪些工作问题会让你奋战至深夜？

埃德加·沙因告诉我们"破译奖励和地位系统。应当被期待做出何种行为？你如何知道什么时候你正在做正确的或错误的事情？"虽然加薪和升职确实很重要，但不那么明显的社会货币形式可能也很强大。

最后，作为信息构架师，我们可能会问有关系统使用和服务的问题。你使用什么工具，为什么？你能告诉我你是如何实现这一目标的吗？如果这个工具失灵了会发生什么？你会去哪里找答案？你如何知道该信任谁？看起来我们可以一整天都用来提问，但正如斯普拉德利提醒我们的，相比深层结构，我们对表层细节不太感兴趣。

文化知识不只是随机的信息碎片；它被组织到各个分类中，所有这些都系统性地与整个文化相关联。

文化是一个符号和关系的系统。使用域分析和分类建设，民族志学者制作地图以展示人们如何组织他们的知识。

第一步是通过识别分类、连接和边界对域进行描述。

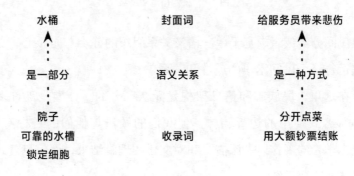

图 4-6　一个域中的元素

这一域分析朝着分类建设、属性映射和语义关系的方向建设。

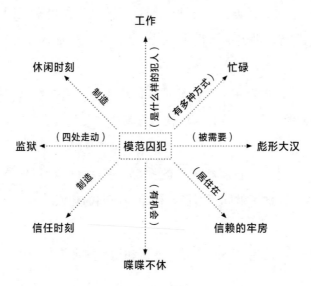

图 4-7 属性和语义关系

民间分类或者"基于单一语义关系组织的分类"是核心，分析可以揭示每一个民间术语的属性和关系。

在这里，民族志和信息架构是无法区分的。分类是被许多社区以多种方式使用的边界物体。但我们的做法与他们的目标有分歧。民族志学者的工作以"深描"和对文化的理解结束，而信息建筑师旨在创建或改变系统。

因此，我们接近民族志的方法与人类学家不同，我们做调查工作的时间更少，但更具针对性的目标已对此做出弥补。因为我们专注于与系统和服务的互动，除了提问，我们使用草图和原型探索可能性。我们也对"是什么"和"应如何"感兴趣。

变化的杠杆

在我职业生涯的早期，我设计过一些前人从未搭建过的别致的信息架构，其他一些则未能经得起时间的考验。我那时才刚刚从图书馆科学专业毕业，知道各种各样的方法来构建和组织信息，但我并没有意识到合适方法的价值。我的设计在技术上很简洁，但在文化上很笨重。我很少关注孤岛、亚文化以及"奖励和地位"系统，我的客户们为此付出了代价。从积极的一面讲，他们学到了有关变化的宝贵教训。在《第五项修炼》（*In The Fifth Discipline*）一书中，作者彼得·圣吉（Peter Senge）认为系统思维是学习型组织的基础，并定义了十一条法则，其中包括：

> 对策可能比问题更糟；
> 愈用力推，系统反弹力量愈大；
> 显而易见的解决方案往往无效。

我做咨询顾问二十年来学到的最有用的东西之一就是：变化是相当困难的，大多数干预未能坚持下来。在事物可能的变化方向上，组织会激起波澜，但最终又会回复原状。

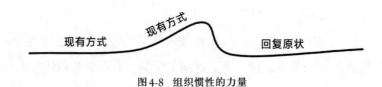

图4-8　组织惯性的力量

这令人沮丧，但如果我们努力去了解惯性的来源，持续的变化则是可能的。彼得·圣吉对此解释道："反抗是系统的回应，它试图维持一个隐含的系统目标。在这个目标被认可之前，改变的努力注定会失败。"圣吉还说了一句鼓励之语。"小变化能产生大结果，但最佳发力点往往是最不明显的。"

他的洞见准确地捕捉了我作为一名信息架构师的体验。近年来，我学会了搜索契合之物和寻找杠杆。我的目标是将设计与文化保持一致，为了让文化的转变可取，我在寻找力量源泉的同时培养自己的谦卑，我干预的方式受到埃德加·沙因的智慧的启发。

文化是深邃的。如果你把它视为表面现象,如果你假设你能随意操纵它、改变它,你一定会失败。

沙因警告我们"永远不要从一开始就带着改变文化的念头",而是要从商业目标着手,并在可能的时候争取让文化成为盟友。

因为文化很难改变,请把你的主要精力集中于识别那些有助于你的假设。试着把你的文化视为一股可使用的积极力量,而不是一个需要被克服的约束。

要识别文化柔术的机会,多层次的方法是最有用的。比如,如果我们的设计招致企业文化的阻力,也许我们可以向组织亚文化、国家文化或者人类本性寻求支持。而且,我们也不能把自己局限在某个单一的策略上,我们必须拥抱多种改变方式。

图4-9 多种改变方式

我们促成变化的第一个策略常常是信息。为了改善日常饮食，我们会告诉孩子们甜甜圈、苏打、肥胖和糖尿病之间的联系。为了提升效率，我们告知员工新流程或价值观。这些教育式的干预吸引了权威信息的力量来改变思想和行为。尽管这种策略有时很好，但很容易被既定的习惯和假设所阻碍。在不愿面对的真相面前，人们往往会否认数据，除非驱动力（失火的平台、外部威胁、积极的愿景）远大于约束力（自我辩解、恐怕变化、文化惯性）。

为了抵消防御，我们可能需要引导人们穿过一个U形流程，这个流程为通过忘却进行学习留出了空间。通过观察系统和映射整体，我们解冻信念、开放思想，我们帮助人们了解他们行为的背景和结果。

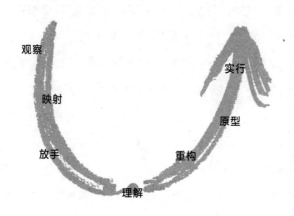

图4-10 U形学习路径

U形理论的主要倡导者奥托·夏莫（Otto Scharmer）解释称：

> 从自我系统到生态系统意识或者从"我"到"我们"的行程有三个维度：（1）更好地关联他人；（2）更好地关联整个系统；（3）更好地关联自己。这三个维度要求参与者探索系统和自我的边缘。

正因为如此，民族志对设计极其重要。与用户的个人互动会产生洞见和同情，当我们看到顾客的挣扎和痛苦，我们就有动力去改善我们的系统。通常，信息还不足以创造变化。人们需要关心结果。

相比信息，架构是一个不那么直接但却更具说服力的改变路径。当然，将两种策略配对的效果往往是最佳的。比如，让设计师和工程师合作的效果可能很有限，除非我们把他们的办公桌也放在一起（协作办公）。正如温斯顿·丘吉尔（Winston Churchill）的那句名言："我们营造建筑，而后建筑塑造我们。"

在《助推》（*Nudge*）一书中，理查德·泰勒（Richard Thaler）和卡斯·桑斯坦（Cass Sunstein）把负责"安排人们做决定的环境"的人定义为"选择设计师"。他们提出，通过改变学校自助餐厅里食物的摆放方式，有可能最多使很多食物的销量上升或下滑25%。当然，不一定非得是实体环境。在一项研究中，4万名参与者受邀回答一个问题："你打算在未来六个月内买一辆新车吗？"提问行为增加了35%的购买率。在另一项研究中，把退休金计划从"加入"改为"退出"，会使长期招工占比从65%提升到98%。

信息架构师的工作都是围绕着如何通过搭建环境以助推用户。我们设计分类、排列搜索结果、通过定义各种默认形式以塑造行为（define all sorts of defaults to shape behavior by priming.）。现在，如果我们希望创造更深层、更持久的变化，必须先要说服自己。

这是戴夫·格雷（Dave Gray）与文化制图相遇时的隐匿需求。

> 在大多数大型的组织变革项目中，文化是"房间里的大象。"它不仅未经讨论，也不可讨论，至少是以某种严肃的、有意义的方式讨论。然而，这却是任何重大变化的最大威胁。

要理解和改变种文化，你必须让不可见变为可见。因此，受到埃德佳·沙因作品启发的戴夫给我们提供了一幅"文化地图"，它提出了一系列问题。

证据。我们如何表现？通过观察能得到什么（我们所使用的语言、工作的空间、我们如何合作、竞争、创造、控制）？

杠杆。驱动行为的游戏规则是什么（何人控制何物、决策、资源分配、奖励、工作空间设计）？

价值观。什么是已知的价值观（公开声明）？行动中体现的价值观呢（由证据推断，通过行为表现出来）？

假设。基于行动中体现的价值观。为什么我们相信它们将帮助我们获得成功（或者在我们的市场中赋予竞争优势）？

设计这些问题是为了帮助我们揭示和绘制文化的结构，因为推动变革的第一步是对已存在架构的认识。

变化的第三种方式是对老套路、无意识行为模式的直接干预，我们称这种模式为习惯。在《习惯的力量》（*The Power of Habit*）一书中，作者查尔斯·都希格（Charles Duhigg）探索了习惯形成的科学，并解释了如何通过改变习惯进行减肥、达成目标、提高工作效率。他认为像运动、节食和家庭聚餐这样的"基础习惯"可以成为变革的杠杆，并用于产生连锁反应。

当你学会强制自己去健身房或者开始做家庭作业或者吃一份沙拉而不是汉堡，这些事情发生的部分原因是你开始改变思考方式。通过调节自己的冲动，人们会变得越来越棒，他们学习如何远离诱惑。一旦你进入了那个意志力气场，你的大脑会练习着帮助你专注于一个目标。

我们无须立即改变我们的所有习惯。事实上，从小处着手才是上策。"微习惯"（Tiny Habits）的发明人B.J.福格（B.J. Fogg）对此解释道：

> 人们犯的第一个错误是不愿从极小处着手。如果你尝试在生活中做出一项改变，你在原有习惯上增加的东西要小之又小、非常微小、微不足道，小到几乎不用花费任何努力或时间就能完成。它不需要你把跑步当作一个新习惯，也不需要你绕着街区或车道狂奔。穿上你的跑鞋，就这么简单，连续五天，每天早上穿上它们，你就算完成任务了。俯卧撑？你不用做十个，做一个就行。用牙线洁牙？你不需要用牙线把满口牙都清洁了，清洁一颗就行。

一开始这听起来有点荒谬。一颗牙？说真的吗？但有一种方法来实现福格的疯狂。他让人们用一种特别的方法练习他们的微习惯。这个习惯要不费吹灰之力，30秒以内就能完成，每天至少做一次。这个习惯之前必须有一个"锚"（能触发新习惯的现有习惯或事件）。微习惯完成后必须有一个奖励或自我庆祝。举例来说，你可以决定"在我刷完牙后，我会用牙线给一颗牙做清洁，接着大喊得胜！"

图 4-11 微习惯的结构

微习惯是行为的基石。福格的方法让行为架构变为可见，因此我们可以看到我们如何改变我们的行为。在对1万人进行了调查后，他得出的结论是：如果你从小处着手并且循序渐进，你将看到微习惯真的能聚沙成塔。

习惯不仅可以由个人练习，也可以由团队练习，正如克莱·舍基（Clay Shirky）的这则趣闻所揭示的那样。

我有时会看到一家企业同时做着非常明智和非常激进的事情，我意识到我看到了未来的一小部分。上周拜访了我在Meetup①的朋友斯科特·海福尔曼（Scott Heiferman）后，我就有这种感觉。一次会议结束后，当我离开的时候，斯科特把我拉进电梯旁的一间屋子，里面有两位产品人员正在观看一位用户使用Meetup的实时网络视频。他们说用户在弄明白Meetup的一项新特性时很是费劲，产品人员正全神贯注地做笔记。这是我见过的最简单的用户反馈方案，我问斯科特他们多久做一次这种事情，答案是"每天"。

在大多数公司，用户研究是零星发生的，而且只有一小部分专家参与直接的观察。但是，设计一个方案让系统搭建者定期观察人们如何使用系统，并不会特别困难或者昂贵。想象一下，如果越来越多的团队养成定期做用户研究的习惯，我们的系统和服务将变得有多好。

当然，文化变化必须来自顶层，但即使有强大的领导，想要拨动指针仍很困难。查尔斯·都希格（Charles Duhigg）讲述了保罗·奥

---

① 译注：这是一家提供本地社交聚会服务的网站。

尼尔（Paul O'Neil）的故事，后者决心着手改变美国铝业公司（Alcoa）工人安全的基本习惯。他出任CEO后的首次演讲让投资者和分析师们大吃一惊。

我想跟你们谈谈工人安全。每年都有许多美铝工人受重伤，以致他们要停工一天。我们的安全记录好于一般的美国劳工，特别是考虑到我们的雇员要跟1500摄氏度高温的金属和能把人手臂撕裂的机器一起工作。但这还不够好，我想把美铝打造成美国最安全的公司，我希望实现零工伤。

听众们困惑了，通常来说，新任CEO会解释他们将如何降低成本、规避税收和提高利润，但奥尼尔只谈了安全问题。演讲结束后，财务顾问们建议客户抛售美铝的股票。最初，员工们也没搞明白这是怎么回事，他们早都学会了不去相信高管们的话。接着，在上任六个月后，奥尼尔在半夜接到一个电话，一名新雇员在修理机器时死于工伤，次日，尽职调查结束后，奥尼尔召集了工厂的所有管理人员和美铝的高管，并再次发表讲话。

> 我们谋杀了这名工人。作为领导，这是我的失职，我导致了他的死亡。这是你们所有身处领导阶层的人的失职。

奥尼尔承担了事故的责任并提出计划确保今后不再发生类似的事件。他邀请所有层级的人可以就安全问题直接联系他，而当他们这么做后，他会确保问题已得到修复。员工们开始相信安全已成为公司使命，公司文化稳步转变。很快，美国铝业成为美国最安全的公司，其利润和市值创下历史新高。安全成为一个引发连锁反应的基本习惯，但它需要领导层采取行动才能让人们相信。

民间歌手和活动家皮特·西格（Pete Seeger）是另一个说到做到的领导人，他不只是为了支持自由才唱歌。1955年，当他被传唤在众议院非美活动委员会（House Un-American Activities Committee）作证时，西格拒绝回答他们的问题，结果因藐视法庭被判处一年监禁。他不只是宣扬环保主义，自己也身体力行，蓝调吉他手盖·戴维斯（Guy Davis）就回想起一个与此有关的故事。

> 我们开车从阿默斯特（Amherst）回来去参加在波基普西市（Poughkeepsie）举行的一个午后演唱会。我们还有一个小时的空闲时光，就在一家小型路边商场打个盹儿休息

一会儿，背靠着一个喷泉。喷泉直径约十英尺，由砖墙砌成，我闭上眼睛睡着了。等到我醒过来的时候，听到一些水花飞溅的声音。我睁开双眼，环顾四周，发现皮特卷着裤腿正站在喷泉里往外捡垃圾，周围还有一些孩子给他帮手，我对自己说"这个人不是伪君子。"

安娜堡图书馆（Ann Arbor District Library）也有相似的故事。该馆的总监乔西·帕克（Josie Parker）在一场丑闻后接管了图书馆，前任财务总监被判犯有欺诈罪。为了重新获得社区的信任，乔西着手建立"慷慨文化"。经过一段时间以后，各个层面都看到了她的努力：罚款被宽免、新建的分馆成为镇上最漂亮的建筑之一。假期的一天，为了筹集慈善资金，乔西在一家书店做包装礼品的义工。那天人们很慷慨，捐款箱装满了纸币和零钱，突然，一个男子抓过捐款箱冲向门口，乔西追上去截住了他，在这个过程中，她的腿部骨折了，最后贼人空着手逃走了。这个故事成了全国性新闻，标题是"拯救圣诞节的图书馆长"。

上述三位领导人中的每一位都体现了他们的价值观，并鼓舞人们讲述他们的故事。一个令人信服的愿景是不够的，言行必须合一，我们不相信缺失行为的信念。但由于只有少数人可以见证最初的行为，它必须足够有趣才能被广泛分享。总之，要改变文化，就必须先改变故事。

我们已经研究了变化的四种方式——信息、架构、行为、领导力——同时把好东西留到最后。综合是我们如何把这些元素组合成一个整体计划，没有任何一个元素能独立存在，只依赖一种方式改变文化是错误的。为了克服阻力，我们必须在多方面采取行动。马克·瑞特格（Marc Rettig）提供了一种并行思维的模式，它以威廉·吉布森（William Gibson）的见解为基础——"未来存在于今天，只是在分布上并不均匀。"瑞特格让我们识别周围有望实现更美好明天的种子。如果我们在多方面表现出进展——将种子培育成嫩枝、帮助人们把点连接起来——我们就可以创造变革的动力。

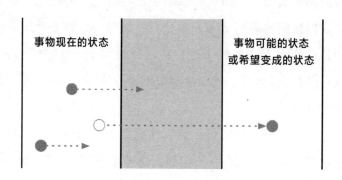

图 4-12 马克·瑞特格的种子和嫩枝

在20世纪90年代，研究人员将"正向偏差"的概念运用于越南营养不良的棘手问题，从而证明了这种方法的有效性。首先，他们招募村民帮助找出营养异常良好的儿童。接着，使用民族志的方法，他们发现这些家庭收集被认为不适合儿童的食物（红薯的绿叶、虾、蟹）。同时，与文化规范相反，这些"正向偏差者们"每天给孩子喂食三到四次，饭前、饭后都洗手。人们创建了一项基于以上发现的营养项目并获得了成功。两年中，营养不良下降了85%。研究人员解释，该方法可以成功，是因为它起步于本地生长的种子。

正向偏差者行为是一种罕见的做法，与社区其他人相比，它赋予有这种做法的人以优势。这种行为很可能是承担得起、可接受和可持续的，因为它们已经在危险人群中实行过，它们不与当地文化冲突，而且也奏效了。

我想起了为惠普做过的一个项目，在这个项目中我们发现了一个正向偏差的例子。我们被请来重新设计惠普公司员工门户网站的信息架构。现有的系统是一次集中式、自上而下的改版设计的结果，它不能满足员工们的需求。惠普的计划是再进行一次集中式、自上而下的改版来解决这个问题。在我们进行研究期间，我们偶然发现了一个绝妙的注释索引，它由惠普实验室（HP Labs）的行政员工创建和维护，主要服务对象也是他们自己，它有组织有序、精心编排的联系人名单、链接和操作指南。这是一个非官方、低调神秘、酷毙了的行事指南。我们把它作为一个去中心化、自下而上的工具典范，应该鼓励员工进行这样的创造，以便对我们被要求设计的那种自上而下的架构做出补充。可惜官方对此并没有多少兴趣。在2001年，管理层并没有施行"惠普之道"。① 但这个想法是可靠的，微小的胜利（比如一条注释索引）才是正确的开端。

单独的每一次微小胜利都是一次通过文化免疫系统的良机。

许多微小胜利一起就创造了一种可见的进步模式。拉玛钱德朗（V.S. Ramachandran）解释道："文化是由大量复杂的技能和知识构成的，它们通过两种核心媒介在人与人之间传播：语言和模仿。"我们可以把猴子见什么学什么的癖好作为优势。一旦人们察觉到一种趋势，他们非常有可能采用新的工具、过程、信仰或价值观。在一定条件下，通过众所周知的临界点之后，一种文化可能瞬息万变。

因此，文化并非不可移动之物。如果我们协调一致运用多种方

---

① 译注：惠普之道指惠普公司的价值观、公司宗旨、规划和具体做法等因素结合在一起形成的一套独特的经营管理之道。惠普公司创始人之一戴维·帕卡德（David Packard）在1995年出版的《惠普之道》（The HP Way）一书中对其进行了详细介绍。

式推动变革,我们也许可以拨动指针。但我们也必须准备好面对诡谲的变化,因为人们让复杂的系统变得更难以预测。举个例子,五年前,我谢顶了,我的意思是,谢顶有段时间了。但有一天,我决定告诉大家。我的太太外出了,因此我先给女儿们看看。"克莱尔,给你一个惊喜。"我喊道,十岁的克莱尔走进屋子,接着尖叫起来,跑到角落里,蜷缩成一个球,一声声哭起来。我抱着她,告诉她没有关系的,为了让她高兴起来,我向她建议把这个惊喜带给她八岁的妹妹。但是当我们找到克劳蒂亚的时候,她却让我们大吃一惊,她盯着我的脸问道:"惊喜在哪里?"

当改变发生之时,有些人会完全崩溃,而另一些人则没留意到或不关心,只有在你行动之后,你才明白他们是哪类人。当克莱尔在黄蓝排球俱乐部比赛时,她和她的队友们对教练的排练方式不满意。女孩们太害怕了,都不敢开口说话,但我鼓励克莱尔和她的教练谈谈。会谈的状况很糟糕,教练很抵触。她希望球员们毫无质疑地接受她的权威,但这不是我们培养女孩们的方式,所以对抗升级了,下一场比赛中克莱尔被换下场。这是一个痛苦但有用的教训,也充分说明了碧姬·乔丹的观点——"权威知识的力量不在于它的正确性,而在于重要性。"克莱尔在一些文化和环境中学到了这一课,最好闭上你的嘴,尽快逃离。

作为一名信息架构师，我在两个层面上思考变化。首先，我寻找契合客户文化的改善机会。一旦我发现问题并描述出解决方案，这些技术修复就变得轻而易举。其次，我探索创新的方式以提升用户体验，而后者有可能被组织文化所阻碍。在这一探索中，我非常小心地行事。如果我相信改变是可能的，如果这项事业是值得一搏的，我会努力推进。用布兰达·劳雷尔（Brenda Laurel）的话说，我会尝试"在不激活其免疫系统的情况下将新原料嵌入文化有机体。"否则，我会婉转地把文化制约告诉我的客户，让他们决定是否采取行动。

经验告诉我们，改变是很难的。我们经常会选择保罗·麦卡特尼（Paul McCartney）的《顺其自然》（*Let It Be*）[①]式的宁静。但偶尔我们也会鼓起勇气去改变我们认为可以改变的事情，虽然并不总是事遂人愿。大多数时候我们缺乏识别差异的智慧，我们经常不知道自己的极限。

[①] 译注：披头士乐队的一首歌曲，以单曲形式发行于1970年，并作为标题歌收录进专辑《Let It Be》。该曲由保罗·麦卡特尼创作并主唱，这也是麦卡特尼宣布退出乐队前披头士发行的最后一首单曲。

第五章

极限

> "在单一的个体中，它可以发生在毫秒之间。它所需要的仅仅是一次头脑中的点击，一次视线的降低，一种观看的新方式。"
>
> ——德内拉·梅多斯（Donella Meadows）

终点临近了，疼痛加剧了。我偷偷瞥了一眼我的夫人和两个漂亮的女儿，但这一刻对我意味着太多了。我忍住眼泪，留意着自己的呼吸，我不能分心，我的身体和感情都被压垮了，但终点已近在眼前，我已经跑了这么远，不能此时功亏一篑。所以，我深一脚浅一脚地跑着，我超越了自己的极限，也超越了终点线。我以3.7米/秒的速度跑完了42千米，我已完成我的目标。

大家都说，你肯定没戏，你年纪太大，这是你的第一次马拉松，跑慢点儿，能坚持到终点就行了。但我不会屈服，跑步伊始我就开始做研究。我阅读了所有关于忍耐力和营养学的科学作品，我改变了我的饮食，学会提升自己的最大摄氧量，并训练我的大脑放松其阈值。我采用"跑得少一点，跑得快一点"的理念实现效率最优、伤害最小。我希望带着尽可能少的伤痛获得参加波士顿马拉松比赛的资格。然而，两个小时的跑步训练还是让我对自己心存疑虑：逼自己一下，但是别太狠，要是得了肌腱炎就全玩儿完了，受这些苦都是徒劳。当我越来越沮丧时，就用励志的故事给自己打气。在《雨中的3分58秒》(Once a Runner)和《多跑一里路》(The Extra Mile)两本书里，我找到了坚持跑下去的毅力。随着比赛日临近，我研究了地图，勾画了一个计划，并做了一个检查清单。

马拉松开跑那天，清晨异常寒冷，但我已为创造佳绩做好准备。我多穿了一件衬衫和短裤，戴着手套、两个帽子，这样一来，我就可以慢慢地一层层脱下它们。到了最后，我开始冒汗，但不太多，这是我学到的一个教训。马拉松融合了信息、灵感和汗水。我们阅读的内容改变了我们跑步的方式。毅力是不可缺少的组成部分，但计划也很重要。目标也是如此，虽然确定目标很有趣，但速度不是问题。马拉松、铁人三项和荒野远足都是保持健康身心的战略的一部分，每个事件都是动机的工具。跑步之前，我已稳操胜券。

建筑师埃里尔·沙里宁（Eliel Saarinen）说"设计一件物品时，要始终把它置于上一级更大的背景中去思考：屋子里的一把椅子、房子里的一间屋子、特定环境中的一间房子，城市规划里的某个特定环境。"作为一名运动员、父亲和信息架构师，我觉得这个建议很有用。

在打排球时，我们教导姑娘们，尽管获胜很有乐趣，但最好是更多关注团队精神、自我修养和健康。具有讽刺意味的是，这种重构会导致更多的胜利。在设计上也是同样的道理。我们经常因为缺乏一个广角镜头而撞墙。专注于简单的度量可能让人感到安全，但并非如此。只有在看到更广阔的图景时，障碍、机会、连接和结果往往才会被揭示。封闭的系统是不存在的，从代码到文化，一切都是紧密互联的。正因为如此，如果设计产品、服务或体验时不考虑战略，就是玩忽职守。

组织战略

战略是每个人分内的事。它不只是一个大办公室或是抽象的象牙塔，它在各个层面塑造信仰和行为。战略是实现某种目标的计划。糟糕的计划四处可见，但有没有可能一家组织压根就没有计划？当然，在语义上过分介意也是很普遍的事情。战略和规划往往被人们用狭隘的定义所诋毁，他们没有看到应以敏捷为战略，精益为计划。这些人都对上一层级的大环境视而不见。

在《战略历程》（*Strategy Safari*）一书中，亨利·明兹柏格（Henry Mintzberg）用盲人和大象的故事开启了一场对战略管理学科十个思想学派的巡礼。①他认为每个学派都有其效用，但都有失偏颇。战略即计划，但它也是模式、位置和角度。真正的战略不会是纯粹的蓄意（规范性的）或纯粹的应急（描述性的），因为前一种阻碍学习，后一种则阻碍控制。

> 战略的形成是判断性的设计、直觉的愿景和快速的学习；战略事关转型和存续；它必然涉及个体认知和社会互动、合作和冲突；它会涉及事前的分析、事后的规划以及事中的谈判；所有这些都必须对苛刻的环境做出反应。试着抛下所有这些，看看会发生什么！

战略是一个平衡的行为，难于执行又不可避免。虽然我们倾向于把重点放在企业战略上，但每个团队和个人都必须对战略负责。当然，我们都应知晓整体战略，并与之对齐。我们可以在执行战略

---

① 译注：在《战略历程》一书中，管理大师亨利·明茨伯格和另外两位作者布鲁斯·阿尔斯特兰德、约瑟夫·兰佩尔，将各种战略管理理论划分为十个学派，并详细阐述了十个学派关于战略形成过程的观点。三位作者把战略看作是一头大象，这十个学派就好比这头大象的一部分——鼻子、尾巴、四肢、躯干等。该书认为，这十种学派只是紧紧抓住了战略形成过程的一个局部，而没有触及其他部分。了解这十个学派的观点后，即使不可能完全看清楚战略管理这头大象，也可以尽量逼近战略管理的全貌。

时提供反馈，起到类似传感器的作用。我们也应在战略实施之前提供洞见，因为战略和战术是紧密相连的。如果一项计划在现实中是无效的，我们有责任对权力讲真话。同时，我们必须制订计划以实现自己的目标。世上本没有纯粹的战术部门，当我们假装战略和战术之间存在分野，就是在默许人们不思考的行为。

作为信息架构师，考虑到结构和战略的紧密关系，拥抱这一挑战对我们至关重要。即使在工业时代，架构扮演的作用比大多数人意识到的要大得多。艾尔弗雷德·钱德勒（Alfred Chandler）的《战略与结构》（*Strategy and Structure*）是20世纪最有影响力的管理学书籍之一，它对"结构"的定义如下：

> 结构可以被定义为对组织的设计，对企业的管理即通过该设计完成。无论是正式定义还是非正式定义，设计都有两个方面。它包括：第一，不同管理机构和人员之间的权力与沟通的线路；第二，这些线路上流通的信息和数据。

钱德勒详尽描述了一百年来美国大企业的成长和管理，他的畅销书产生了一个大家耳熟能详的说法——"结构跟随战略"。可悲的是，这并非他的观点。三十年后，在一篇新的序言中，他对此做了澄清。

结构和战略对彼此都有很大的影响。但由于战略上的变化在时间顺序上早于结构上的变化,也或许因为麻省理工学院出版社(The MIT Press)的一位编辑说服我将书名由《结构和战略》改为《战略和结构》,这本书看起来似乎专注于探讨战略如何定义结构而非结构如何影响战略。我从一开始的目标就是研究在现代工业企业中结构和战略之间错综复杂的关联,以及不断变化的外部环境。

自铁路和事业部制公司的兴起,很多事情都已经发生了变化,但艾尔弗雷德·钱德勒的洞见仍具深意。事实上,信息时代放大了结构的重要性,我们越来越多地在"信息造就的场所"消耗时间并做出决策。我们创造的环境深刻地塑造着我们的信仰和行为,但是这些链接很难被看到,所以我们甚至不知道自己缺失了什么。

图 5-1 先有战略,还是先有结构

艾尔弗雷德·钱德勒看到"现存的企业结构塑造了（通常是阻碍）战略中的变化。"随着时间的推移，这些公司未能适应变革并随即崩溃，这个问题只会变得更糟。半个世纪前，一家财富500强公司的平均寿命是75年，现在这个数字不到15年。外部环境的变化一天快似一天，即使是我们最好的机构都未能学习和适应。

我们只能通过改变自我组织和管理信息的方式才可以变得更为灵敏。我们已经到了简化论的极限。孤岛、短期指标和快速修复都是死胡同。我们必须体会字里行间的言外之意，在表层之下深度挖掘，以与结构争辩。我们必须培养一种观察的新方式，仅有洞见还不够。为了激发行动，我们必须帮助别人看到我们所看到的。我们必须遵从"情景规划"先驱、法国石油业高管皮埃尔·瓦克（Pierre Wack）所称的"重新感知的温柔艺术"。①

我已发现，真正的挑战是在管理上有醍醐灌顶的感觉。

---

① 译注：1972年，法国人皮埃尔·瓦克领导着壳牌情景规划小组。当时该小组策划了一个名为"能源危机"的情景。他们假想，一旦西方的石油公司失去对世界石油供给的控制，将会发生什么以及如何应对。在1973年至1974年冬季OPEC（石油输出国组织）宣布石油禁运政策时，壳牌有良好的准备，成为唯一一家能够抵挡这次危机的大石油公司。由此，壳牌公司从世界七大石油公司中最小的一个一跃成为世界第二大石油公司。情景规划接近于一种虚拟性的博弈游戏，在问题没有发生之前，设想会有哪些出人意料的事发生，应该如何有效应对。通过这种分析方法可以开展充分客观的讨论，使得战略更具弹性。

当你提出所有的方案时，不管你的表达有多么动人或者你的图表有多么优美，它都不会轻易降临到你头上。只有在满足下述条件时它才会发生：你的信息抵达决策者的心智模式，迫使他们质疑自己的业务如何运营的假设，并引发他们改变和重组自己的现实内部模式。

放缓速度，稳步前进。如果没有相互理解和组织支持，即使是最绝妙的战略也会失败。彼得·德鲁克（Peter Drucker）曾解释说"文化会把战略当作早餐吃掉"，但我们并没有听进心里去。我们一头扎进用户体验，而没有赢得利益相关者的青睐。有那么一阵子，它起了一点儿作用，但表层设计已经到达它的极限。我们以为自己在制作软件、网站和体验，但我们没有。我们是复杂适应性系统中的变革推动者。除非我们接受这个使命，否则将一直重复我们的错误。

是时候潜入深处绽放耀眼光芒了，因为我们同在一条船上。

日光

河源是很多河流的起源之地。它们是河网的最小部分，但却构成了大多数的河道，它们还提供了重要的生态系统服务。它们为无脊椎动物、两栖动物、鱼类、鸟类、昆虫和植物提供栖息地。它们还补给当地地下水系统、传播营养物、清除污染、减少洪灾,并维持下游河流、湖泊和海湾的健康。

遗憾的是,直到最近我们才看到它们的价值,我们此前有组织地填埋河源,并把它们当作运输垃圾的排水管。过去几十年,它们是默默无名、未曾在地图上标注的隐形之物。但是,不断增多的城市洪水和生态意识已让情况发生逆转。在越来越多的城市,从卡拉马祖(卡拉马祖)、密歇根到扬克斯(Yonkers)、纽约,我们已经开始标注、命名和发现那些被填埋的河源。

图5-2 在一条被填埋的河里,这五样东西你看不到

这个战略可以使生态系统和经济恢复元气。城市防水的减少可以削减保险费用并提高地产价值,但城市也利用日光作为催化剂,打造拥有自行车道和步行道的都市公园和绿道。学校正将这些栖息地编进生物学和生态学课程。没有黑暗的掩护,污染制造者被迫清理他们的烂摊子。在各色城市中,人们越来越健康、幸福,越来越

多地与自然相连。

当然，这不仅仅是对河流的启示，日光也是对我们必须从事的制图工作的隐喻。我们应该用分类和连接揭示对于文化的隐含假设、用草创的链接和闭环探索系统的潜能，并通过在我们头脑外部的描摹而实现心智模式。通过化无形为有形，我们可以转变愿景和决策的环境，但帮助人们用不同角度观察事物是我们还没有充分使用的技能。我们专注于用户，但忽略了利益相关者。我们把体验置于理解之前。现在是时候意识到日光不是月光。这是我们从事的最重要的工作。

2005年，Myspace成立后仅仅两年，就被新闻集团以5.8亿美元收购，接下来的几年，它成为全球最火爆的社交网站。但是它的新东家坚持要进行快速的商业化。在实现季度营收目标的压力之下，公司管理层不惜让花哨扎眼的广告充斥站点。这个策略暂时奏效了，直至引发整个系统的崩溃。Myspace的广告收入在2008年增至6.05亿美元，但在2011年下滑至4700万美元，当年新闻集团以3500万美元将其出售。这个有关广告和用户体验关系的教训代价不菲。今天，Facebook将其广告限制在新闻推送量的5%。像亚马逊、谷歌和Twitter，它们都为用户体验和品牌忠诚度而牺牲了季度业绩。大多数公司缺乏这种自制力。

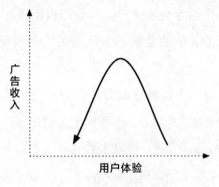

图 5-3 广告收入和用户体验

他们都必须如此大费周章才能有所顿悟吗？抑或我们能用故事和梗概来揭示短期效益主义对长期健康的影响吗？要改变一种倾向并不容易，但也并非不可能。当新的信息引发理解力的飞跃时，我们偶尔会有一次顿悟。但更多时候，变化是缓慢的，它需要创造力、勇气和无数次小步迈进。

我知道人是可以改变的，因为我就改变过自己。十年前，我三十岁，被诊断出高胆固醇。我的医生告诉我要么改变生活习惯，要么接受药物治疗。两个方案我都没接受，相反，我只是感到沮丧。当我还是个孩子时，足球是我的最爱，但现在我年纪太大，玩不动了。我是个工作狂，有两个孩子，没时间锻炼或者规律饮食。我已经超重35磅,这个数字还在上升,有证据表明我在中年时会继续增加体重。我不开心,但我能做些什么呢?我没有策略、没有目标、没有控制感。

如果不是因为一个盛满意面和肉丸的大盘子,我可能还没有摆脱这种"习得性无助"的状态。[①] 我和太太曾邀请一位朋友来家里吃晚餐。安得鲁(Andrew)是一个高大强壮、二十多岁的英国橄榄球运动员。我永远不会忘记当苏珊(Susan)把一个盘子递给他时,他脸上那震惊的表情。在我们委婉地敦促后,他承认他对盘子的尺寸大吃一惊。然后,当我和苏珊吃光了各自盘里的意粉,外加几片香蒜面包后,我们懊恼地发现安得鲁只吃了盘中食物的1/3。不过,什么都没有发生变化,直到几个月后,苏珊偶然发现一篇文章,该文解释称,如果人们使用较小的盘子,就会吃得少一些。第二天,我们就把大盘子搬到了地下室,开始用装甜点的盘子吃晚饭。我们偶尔会故态复萌,但很快我们的饭量就变少了。这是我们踏上健康之路的第一小步。

---

① 译注: 习得性无助,原意指因为重复的失败或惩罚而造成的听任摆布的行为。

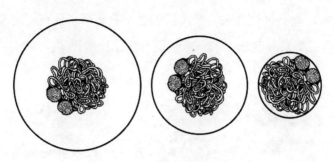

图 5-4 环境塑造行为

在弟媳（my sister-in-law，或嫂子）的鼓励下我迈出了下一步。她参加了城里的半程马拉松（21千米）比赛，然后哄骗我参加了一次5英里跑。作为一个懒骨头，我表现得还不错，因此她让我再试试10英里的跑程。我被这么长的距离吓到了，但还是报了名。第一周的训练很辛苦，我觉得简直会被热死。还有就是，我的皮肤被严重擦伤，直到后来我才知道不能穿着平脚短裤跑步。但是一个月后，我开始享受其中，我感到了身心的健康，我重建了自己的掌控感。

在那次10英里比赛后，我再也没有走过回头路。在把铁人三项作为长期项目之前，我参加了多次半程马拉松和两次全程马拉松。我减掉了35磅体重，睡眠质量很好，感觉超棒，我重新找回了那个可以踢一整天球的疯狂小子的能量。但是我的旅程并非仅限于身体层面。我学到了很多饮食和运动的知识，但我也更加了解情绪、信仰和行为，我不再被过去的经历所俘虏，我学会了如何学习和改变。并且，无论好坏，我已经获得了质疑自己文化的智慧。

图5-5 跑步、骑车、游泳

起初只是些小事情，我戒了碳酸饮料，也并不怀念它的味道。那我当初为什么要喝它呢？会不会是因为它的无处不在和商业广告的魔力？需要多少钱才能打造我们想要的东西？我们怎样才能提高免疫力呢？我曾读到，运动前做拉伸是有害的，它会弱化肌肉并招致损伤。以往，我在踢球和跑步前总是会做拉伸，但现在，每个人都这么做，除了我以外，我只在沐浴的时候做拉伸。起初，我的异常行为很小，但后来尺度越来越大，最后，我出格太远，以至于将文化中的精髓部分也抛诸脑后了。

比如，我读的营养学知识越多，越是怀疑肉的价值。对健康的追寻让我研究起文化的食肉主义对道德和环境的影响。我读了很多，也思考了很多，但最终还是乔纳森·沙夫兰·弗尔（Jonathan Safran

Foer)撰写的《饕餮动物》(Eating Animals)起了作用。我的太太恳请我不要读这本书,但我是那种选择直面现实的人,因此我读了那本书,还把自己变成了一个弹性素食者①,这意味着每个人都不待见我。我的太太对此甚感苦恼,她做得一手好菜,但我已在她的食谱上投下一片阴霾。杂食动物深感不安,我的选择让他们对自己的选择产生了疑问。

素食者愤怒了,我怎能在知道真相后还继续喝牛奶呢?

我相信普通工厂的耕作方式是非常不道德的。它对环境的影响是灾难性的,抗生素和生长激素的滥用有害于人体健康,人类对动物的虐待令我精神崩溃。我的道德圈是一个模糊集,我的家庭居于中央,这是一个能让我保持平静的偏见。但是我没有看到在人类与非人类动物之间有一条明确的道德界线,我不想引起任何生物的苦难或死亡。当然,这一点我也无法做到,我居住在城郊,开车,缴税,从使用杀虫剂的农场购买水果和蔬菜;我有一部苹果手机;我和两个十几岁的女儿一起吃意大利辣味香肠比萨。没有道德高地,我们都在制造痛苦和苦难,人类都是伪君子,我们所有人都是对文明犯下罪恶的同谋者。

---

① 译注:指偶尔也吃荤的素食者。

图 5-6 一个模糊的道德圈

我们既是文明奇迹的受益者,又是其贡献者。在旷野中背包独行暗示了托马斯·霍布斯(Thomas Hobbes)所称的自然状态:"连续不断的恐惧和暴毙的危险;人的生活是孤独的、贫穷的、龌龊的、野蛮的和短促的。"在罗亚尔岛上几天后,我就准备好了为热水澡和抽水马桶而大开杀戒。拥抱所有好东西或所有坏东西很容易,但是我们共存于混乱的中间地带。我们不可能做到完美无瑕,但我们可以做得更好。尽管坚守希波克拉底(Hippocrates)①"永不作恶"的誓

---

① 译注:希波克拉底(公元前460年—公元前370年),古希腊伯里克利时代的医师,西方医学的奠基人,被西方尊为"医学之父"。《希波克拉底誓言》是希波克拉底向医学界发出的行业道德倡议书,是从医人员入学第一课的重要内容,也是全社会所有职业人员言行自律的要求。

言是不现实的,但少作恶肯定是可行的。社会上没有哪一个分类比医学更适用于此真理。

在美国,医疗伤害是导致死亡的第三大原因。每年因副作用、药物交叉作用、医院感染、工作疏忽和手术失误而造成的死亡人数超过22.5万人。每年因非致命错误、医生原因导致的病患人员以百万计。在《希波克拉底的阴影》一书中,大卫·纽曼博士(Dr. David Newman)对医生的行医行为提出了有力控诉。医生经常用抗生素治疗病毒感染,每年因此导致24000例过敏反应,这还不包括十几万的腹泻病例。这还只是冰山一角,医疗伤害的范围和规模十分可怕。

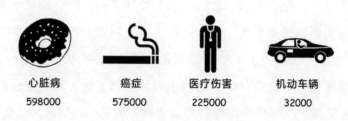

图 5-7 致死的主要原因

这并不意味着所有医生都是邪恶的,他们中的大多数人都认为自己是在做好事。事实上,他们的自信(和我们的)正是问题的主要症结。我们的文化对现代医学奇迹有着过度的信任,而对干预有着危险的倾向。当我们去看医生,我们期望的是诊断和处方。我们不想让我们的医生说"我不知道。"但是,比我们知道(或想知道)的情况更普遍的是,医生们真的不知道他们在干什么。我们对复杂系统的理解是有限的,该系统将我们与数十亿独一无二的"心-身-环境"的混合物连接到一起。我们手持一枚小小的手电筒,迷失在荒野的黑暗中。

但我们痛恨无助的感觉,还想有一个快速的解决方案,所以我们信任医生。

我们不擅长分配信任。伯纳德·麦道夫(Bernie Madoff)[①]对此再清楚不过了。我们用所欲之物替换了所知之物。我总是这么处理与天气的关系,我知道天气预报不准,但又想骑自行车,因此我试着赶在大雨停顿的间歇出行,但最后还是被淋成落汤鸡。

遗憾的是,我们对医生的信任更是放错了地方,因为医疗不当行为不会像一只蝴蝶扇动翅膀那么随机。尽管关心病患的长期健康,但医生不会共担风险,他们不会与我们一样遭受病痛的折磨。从某种程度上说,情况正好相反。同时,他们常常会受到来自医药和医

---

① 译注:美国历史上最大的诈骗案制造者,其操作的"庞氏骗局"诈骗金额超过600亿美元。

疗器械公司销售代表们的信息和礼物的影响，他们不认为这是错误的行为。正如记者和广告商、政治家和说客的关系，医生们对自己说他们不会受到销售代表的影响，但我们都知道他们是错的。

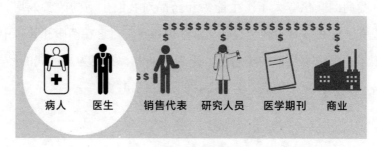

图 5-8 信任圈

当然，即便医生诚意提供帮助，结果也好不到哪里去。因为他们的信息来源（科研人员、医学期刊）也同样受到制药公司的资助。如果家人出了严重的健康问题，我会查阅《医学情报和考克兰评述》（Medline and the Cochrane Reviews），但在几小时的研究后，我的自信心还是很低。在美国，我们用于医疗的花费每年高达4万亿美元，游说可是门大生意，很难知道我们应该相信谁。

正因为如此，我变得离经叛道。我已经好些年没有看过医生了，我也不看牙医。如果我有严重的问题，我会咨询专业人士，但我认为身体检查是很危险的一件事。正如纳西姆·塔勒布（Nassim Taleb）

所言:"如果你想加速某人的死亡,给他一个私人医生。我不是说给他一个糟糕的医师,你出钱,让他自己选。什么样的医生结果都一样。"幼稚的干扰是最致命的疾病。

我们的文化夸大了医生能力和药品对我们生活的改善效用。我们投资了这么多时间和金钱在"医疗健康",但它在健康和长寿中只扮演了一个微不足道的小角色。正因为如此,我更为关注我的环境、经济状况和行为,我致力于改变我能改变的事物。

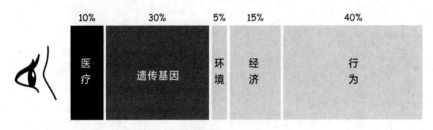

图 5-9 对健康和长寿的影响

要想知道该做些什么仍很困难。脱脂牛奶该喝还是不该喝?先吃面包再吃黄油,还是次序颠倒效果也一样?关于饮食和运动的简单问题令人惊讶得难以回答。几年前,当我试图改善自己的健康状况时才猛然意识到这个问题。这一切都始于某个星期日的早上在波塔瓦托米小径(Potawatomi trail)的骑行。当时我的自行车前轮撞到了一棵树，我从山上滚了下来，我和自行车一圈又一圈地翻滚，一直跌落到小径上。只是肋骨有点擦伤，真是万幸。小径太危险了，我决定把骑行路线改到公路上，几周后，我被一辆轿车撞了。这不是一个恶性事故，只有我的自行车受损，但我肯定对此事愈发重视。我很享受骑行，但我的整体目标是健康。骑自行车安全吗？我需要回答这个问题。

　　我花了数小时搜索、阅读和思考，以求得出一个结论。首先，我得先搞清楚政治。骑行者和环保团体已经把"骑车去上班"发展为一项运动，全国各地的城市都正在建设自行车道和自行车共享系统。这是迈向一个更健康社会的令人兴奋的一步，但个人和社会的利益并不总是一致。普通民众和政治家们提倡的骑行承诺已然创造了一种强大的文化偏见。媒体像念咒一样连篇累牍地报道"骑行是安全的"，但这是真的吗？抑或是文化自我辩护和游说的结果？

　　热门文章没有任何益处，我不得不去挖掘数据。我也意识到必须面对现实，你在哪里骑车：小径、人行道、还是街道？你住在阿姆斯特丹还是纽约？你戴头盔吗？你喝酒、发短信和骑车的频率如何？没有统计数据能分离这些变量，因此我的问题没有答案。我放低了目光，只想问："在我家小区的道路上骑车做铁人三项训练，对我来说安全吗？"

证据显示，答案是"否"。在美国，机动车事故是导致死亡的主要原因之一。25岁至64岁的成年人，其每次出行，骑自行车致死的概率是乘车的4倍。经过我的计算，每一次出行都相对安全。我不害怕心血来潮的时候骑车去上班，但是，如果我长年累月习惯于每天骑车，我被汽车撞到的概率很大。

图 5-10　每次出行的死亡概率

如果让我在公路骑行和永不骑行两者之间选择，我可能会冒冒风险，因为骑自行车比赖在沙发上安全，体质差是最强的死亡先兆。运动能降低罹患心脏病、糖尿病、癌症、哮喘、关节炎、焦虑和流感的风险。但我很幸运，我住的小镇上有专门的自行车道。现在，我只在这上面骑车。

一开始，它只是一条沿河56千米边境小道的地图和愿景。今天，它成为连接社区和保护人们的现实。我们创造的环境塑造了行为，我们创建之物改变了我们将成为什么样的人。但我们经常不知道创建什么，我们擅长执行而拙于想象，正因为如此，我们必须用日光来为自己设计一个更健康的未来。

我还是不安全。在我的自行车被撞后，我告诉了妈妈。她知道这是我一个月来第二次出这种事故，于是提醒我要当心，因为"坏事情总会来三次"，因此我没再骑自行车。但是几周后，我在慢跑的时候受到了一只腊肠犬的攻击，它在我腿上咬了个洞，一点也不奇怪，这种犬是最具攻击性的品种。每五只达克斯狗（dachshunds）[①]就有一只会咬陌生人。我现在对腊肠犬怕得要死，但我怀疑自己会一直如此。每当我太太焦虑的时候，我就告诉她，影响你的往往是那些你并没有顾虑到的东西。

理解极限

我们的宇宙已经诞生138亿年了，可观测的宇宙直径是280亿秒差距[②]。体悟其规模的最好方式是阅读下面这段话："空间巨大，真的很大，你不会相信它有多么令人难以置信的恢宏巨大。我的意思是，

---

① 译注：一种短腿长身的德国种猎犬。
② 译注：秒差距，天体距离单位，约等于3.26光年。

你可能认为走向药房是一条漫长的路,但那只是空间中微不足道的距离。"当然,道格拉斯·亚当斯(Douglas Adams)在1979年写下这段话时,宇宙正以前所未有的加速度扩张,因此它现在更大了。

事实上,我们并不知道宇宙的年龄或大小。我们不知道大爆炸前发生了什么。我们真正知道的是,答案是42。但我们并不准备让宇宙阻碍前进的道路。我们已经开发了各种各样的认知和文化策略来帮助我们忽略自己的无知。二元对立和简化论让我们对自己感觉良好。我们是善的,他们是恶的;这是我擅长的领域,那不是我的问题。这大多数时候确实说得通。我们必须对自己的有用感到安全,我们必须满足生存的最低要求,但是,偶尔地,我们也应该通过反思伏尔泰的智慧来拥抱谦卑。

> 怀疑不是一种令人愉快的思想状态,但是对什么都深信不疑却是一种荒唐。

当我们质疑自认为已知的内容,我们就是在从事带有实践价值的哲学探究。深信不疑是创造力的敌人,它蒙蔽了我们寻找更好方式的可能。

谦卑为合作打开了大门，它邀请我们一起提出问题并寻求答案。

本着这种精神，诺森·亚诺夫斯基（Noson Yanofsky）撰写的《理性的外在限制》(*The Outer Limits of Reason*)一书是对物理学、逻辑和我们头脑的局限性一次有益而谦卑的研究。作者自称是极端的唯名论者[①]，他如此解释自己的位置：

> 大多数人认为宇宙中存在着某些物质，人类还给这些物质起了名字。我在这里要说明的是那些物质并不真正存在，真正存在的是物理刺激。人类把不同的刺激当作不同的物质进行分类和命名。

亚诺夫斯基认为我们可以从观察宇宙的方式而不是从观察本身学到更多。为了举例说明，他回忆了哲人科学家亚瑟·爱丁顿（Arthur Eddington）的一场思想实验。

---

① 译注：唯名论是中古欧洲经院哲学家所发展出的一种哲学立场，长时间成为哲学探讨的主题。在哲学中，它是一种形而上学的争论，它讨论的是关于事物的概念（共相）与实在事物之间存在的关系，与其出现的先后顺序。认为现实事物并没有普遍本质，只有实质的个体是存在的。

假设一个鱼类研究学者要探索海洋生活。他把一个渔网投进水中，捞上来一个鱼形物。在测量了这个猎物后，他用科学家的常规方式系统分析它所揭示的道理。他归纳出两点：

（1）没有海洋生物的身长短于2英寸。
（2）所有的海洋生物都有鳃。

猎物代表我们的科学知识，渔网代表用于获得它的感官和认知装置。它们一起提出了几个问题：猎物和自信之间是什么关系？我们需要多少猎物？我们的渔网有多大的漏洞？

图 5-11 知觉与认知的局限

当然，我们常常不明白我们的猎物是什么。例如，海森堡（Werner Heisenberg）的不确定性原理告诉我们，一个亚原子粒子的位置和动量不可被同时精准确定。这不是受技术的限制，而是受观察和结果之间的连通性的影响。一个物体的属性在被测量前是不存在的,实验者是实验的一部分。

这导致了量子力学一个更奇怪的特性,它被称为"纠缠"。[①] 在一对纠缠粒子中,总自旋为零,所以即时粒子被测量且向一个自旋方向坍缩,另一个粒子则必须往相反方向坍缩,即使两个粒子相距数光年。

爱因斯坦认为,即时信息传递到无限远的距离或"鬼魅似的远距作用"是不可能的,但实验已证实了其效果的存在。研究人员正在探索将量子纠缠用于通信和计算。最近,荷兰物理学家已经能够在3米的距离以100%的复制率对量子数据进行传送。看起来阿尔伯特·爱因斯坦错了。

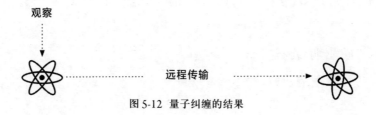

图 5-12 量子纠缠的结果

---

① 译注:量子纠缠又译量子缠结,是量子力学理论最著名的预测。它描述了两个粒子互相纠缠和影响的现象。即使相距遥远,一个粒子的行为也将会影响另一个的状态。当其中一颗被操作(例如量子测量)而状态发生变化,另一颗也会即刻发生相应的状态变化。

亚诺夫斯基在他的书中解释了量子纠缠非局部作用的哲学结果。

量子纠缠的结果之一是终结了简化论的哲学立场。该立场认为，如果你想了解某种类型的封闭系统，先要看看系统的所有组成部分。要了解一台收音机如何工作，就必须把它拆开，查看它的所有零件，因为"整体是部分之和"。简化论是所有科学的一个基本假设。量子纠缠表明不存在封闭的系统。

所有系统都是互相连接的。这个亚原子真相已在全球范围内引发同样的共鸣。正是这一重要的洞见促使人们关心他们的环境健康，这也正是巴里·康芒纳（Barry Commoner）生态四定律[①]的第一条。

1. 物物相连。
2. 物有所归。

[①] 译注：著名的环境科学家、生态学家巴里·康芒纳（Barry Commoner）在其《封闭的循环——自然、人和技术》一书中，提出了生态学的四个基本法则。第一法则：物物相连。生态系中存在许多相互关联的网状结构，以及各种物理化学环境之间的相互关联。第二法则：物有所归。生态系中任何有机物和无机物都可以通过再循环，在自然界中以不同形式储存或释放。第三法则：自然善知。自然生态的循环有自我调适能力，维系整个生态系平衡，人为的操纵与干预反而适得其反。第四法则：天下没有免费的午餐。每有所得，必须付出代价。

3. 自然善知。

4. 天下没有免费的午餐。

互相依赖也是系统思考的基础。它解释了为什么整体大于部分之和，以及为什么我们预测或控制复杂适应性系统行为的能力比我们自认为的要少。1972年，德内拉·梅多斯和她在麻省理工学院的同事们在其经典之作《增长的极限》(The Limits to Growth)一书中解释了自然和人类系统相互作用的潜在后果。他们使用了一个拥有五个主要变量的计算机模型（全球人口、工业化、污染、粮食生产、资源枯竭）来探索一系列可能的情景。

他们看到，如果保持增长趋势不变，我们将会在接下来的一百年内经历一场突如其来且无法控制的人口和工业产能的衰退。这个可怕的结论引起了全世界的关注。这本书以37种语言出版，热销逾1200万册，还推动了环保运动的兴起。但该书也受到广泛批评，被视为是未能认识到技术、民主和资本主义巨大力量的"马尔萨斯末日预言"。[①]

---

① 译注：英国经济学家托马斯·罗伯特·马尔萨斯（Thomas Robert Malthus, 1766—1834年）以其人口理论闻名于世。马尔萨斯在其名作《人口论》(1798)中指出：人口按几何级数增长而生活资源只能按算术级数增长，所以不可避免地要导致饥饿、战争和疾病；呼吁采取果断措施，遏制人口出生率。马尔萨斯灾难性的人口预言，未能在迄今两个多世纪的历史中得到证实。按诺贝尔经济学奖获得者、美国经济学家保罗·萨缪尔森的说法："马尔萨斯从未预料到工业革命所带来的技术奇迹，也未能预料到1870年后，生活水准和实际工资快速增长的同时，西方大多数国家的人口增长率却在下降的事实。"

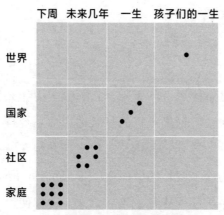

图 5-13 人类视角的局限

德内拉意识到改变并不那么容易,因为我们的行动集中于在短期内影响我们的朋友和家人的问题上。但是,她感到一种巨大的紧迫感,因为她明白,如果我们非要等到局限变得显而易见后才有紧迫感,那时候要想避免意外就为时已晚了。

小到人体,大到星体,导致意外的三个原因都是一样的。第一,有增长、加速和快速变化。第二,有某种形式的界限或阻碍,超出这种界限或阻碍,运动中的系统就可能变得不安全。第三,力求将系统控制在界限之内的感知或反应存在滞后或失误。

她预计那些从增长中获得经济和政治利益的人会攻击她的观点，她知道他们会诉诸我们对市场和技术的深厚文化信仰。

> 市场和技术只是服务于目标、伦理和社会时代视野这一整体的工具而已。如果一个社会的隐性目标是利用自然、壮大精英、忽略长期发展，那么这个社会开发的技术和市场将会毁灭环境、扩大穷富差距、优化短期收益。

事实上，她指出"技术乐观是我们发现的最常见也最危险的反应"，因为"技术可以在不影响潜在原因的情况下缓解问题的症状。"

尽管愿意正视现实和对权力讲真话，但德内拉是个乐天派，她认为"改变这些增长趋势并建立一个可持续发展的生态和经济的稳定环境是可能的。"

遗憾的是，尽管她的书产生了影响，但还没有切实改变人类发展的轨迹。今天，我们处在生态超载状态，全球人口和人均资源利用都在继续增长。现在，地球要花费一年六个月的时间才能再生我们一年内消耗的资源。

气候变化是最臭名昭著的影响，但它产生了许多不易察觉的影响。例如，我们必须要为大规模的生物多样性的丧失负责。在《第六次大灭绝》一书中，作者伊丽莎白·科尔伯特（Elizabeth Kolbert）给毁灭进行了分类。

今天，两栖动物成为世界上最濒危的动物；计算显示，该物种的灭绝率可能比自然灭绝率高出45000倍。但许多其他物种的灭绝率正在接近两栖动物的水平。据估计，1/3的造礁珊瑚、1/3的淡水软体动物、1/3的鲨鱼和鳐鱼、1/4的哺乳动物、1/5的爬行动物和1/6的鸟类都正在走向灭绝。

大部分的损害源于大气和海洋中二氧化碳的增加，但我们的出行和航运也有意想不到的影响。由于船艇和飞机上搭便车的旅行者，夏威夷每个月都会新增一个入侵物种。[1]在人类定居岛屿之前，这类情况每一万年才发生一次，我们成为混乱的代理人。正如伊丽莎白·科尔伯特所说："今天我们这些活着的人不仅亲眼见证了生命历

---

[1] 译注：当一个外来物种被引入后，若新环境没有天敌的控制，加上旺盛的繁殖力和强大的竞争力，外来物种就会变成入侵物种，排挤环境中的原生物种，破坏当地的生态平衡。

史中最罕见的事件之一,我们还是这一事件的始作俑者。"

那么这个故事将如何收尾?我们不知道。我们可能不会改变航向。正如贾雷德·戴蒙德(Jared Diamond)在《崩溃》(Collapse)一书中所描述的:"一旦问题被察觉,社会往往连尝试解决问题都做不到。"但是德内拉·梅多斯从来没有放弃。她相信人和信息的力量。

信息是转变的关键。这并不必然意味着更多的信息、更好的统计、更大的数据库,或者互联网,尽管这些都会参与其中。我们需要的是相关的、令人信服的、精选的、强有力的、及时的、准确的信息带着新的内容、规则和目标(他们自身即是信息)以新的方式流向新的接受人。当信息流被改变,任何系统都会有不同的表现。

当然,正如卡尔文·穆尔斯(Calvin Mooers)发出的警告,信息有其局限性。

许多人可能不想要信息,他们避免使用某个系统,正是因为它给他们提供了信息。拥有信息是痛苦和麻烦的,我们都有过这种经历。如果你有信息,你必须先阅读它,但这并不总是那么轻松。接着你必须试着去理解它，理解这些信息可能会表明你的工作是错误的，或者可能表明你的工作是多余的。因此，不拥有、不使用信息自然也就减少了麻烦和痛苦。

从《增长的极限》一书给我们带来的冲击到现在已经有42个年头了。这本书曾引起举世瞩目，但它并没有改变我们的轨迹。没有人知道如何阻止人类锯断我们立足的大树枝。但有一件事是肯定的，如果仅仅依靠信息来弥补理解与行动之间的鸿沟，我们最好做好游泳的准备。人们向来不会因为信息而行动。我们知道苏打是一种有毒物质，但不管怎么样我们还是会喝掉它。我们知道季度收益是一个威胁企业长期健康的可怕指标，但我们还是会使用它。

只有信息是不够的，我们应该描绘自然和组织生态系统的隐蔽通路，但接下来我们必须采取行动。我们必须在多个层面（个人、组织和社会）拥抱改变我们所想所做的不同方式。意识到系统的纠缠本质是必要的，但拥有正确的态度同样重要。在一场马拉松比赛的某些时刻，我们看不到通往目标的路。我们知道，我们很快就会撞到墙上。

我们已经失去信心，但我们仍有希望，所以我们继续奔跑。最终，我们会找到一条路。

互即互入

生活在地球上的人类数量，不像宇宙般无限，但它的庞大足以让我们感到自己的渺小。很多时候我们忽略了这个更大的背景，我们的习惯和文化帮助我们专注于手头的任务，但是，我们偶尔也问些大问题。我为什么会在这里？我要去哪里，何时动身？有什么事情是只有我可以做的？

在我的个人生活中，我试着做一个好爸爸、好丈夫、好兄弟、好儿子和好朋友。在某种程度上，为了达到这些目标要先保证自己的健康，因为重要的是"在帮助别人之前，保护好你自己的面具。"在工作中，我的目标是成为一名优秀的信息架构师。为了达到这个目标，我做咨询、演讲和写作，我品尝着新组织生态系统的挑战，我喜欢对战略和架构进行思辨，并从中找出最合适的。但我也被驱动着在上一级更大的背景中考虑这项工作。

分类、连续和文化之间是什么关系？链接、闭环和杠杠在哪里？我们如何用自己的观察方式在一个更高的层面影响改变？我演讲、写作，因此我们能够理解并一起行动。当我们看到自己所言，便会知道自己在想些什么。

当然，我们的个人生活和工作是完全紧密互联的，隔离主义是一个危险的神话。我们不能在办公室里麻木无情,在家里温情脉脉,中心将无法支撑,围墙将无法持久。行一事之风格,乃行万事之风格。我们俱知此事但很难身体力行,我们的文化把所有的东西都放在小箱子里,那些不存在的外部性除外。我们的愿景进一步被信息焦虑收窄了,欺骗我们进行战斗或逃跑。这两种选择都不健康。通往和平之路始于对释一行禅师(Thich Nhat Hanh)①所说的"互即互入"的认识。

> 如果你是一位诗人,你将会清楚地看到有一朵云漂浮在纸面上。无云即无雨,无雨树不生,无树则无法造纸,云对纸的存在来说是必要的。云不在,纸亦不在。

一行禅师用互即互入提醒我们,存在是互即互入的存在。万物相连,我们无法将自己孤立于环境。

---

① 译注:释一行禅师,越南人,现代著名的佛教禅宗僧侣、诗人、学者及和平主义者。在汉传佛教传统中,出家众都以"释"(越南文为Thích)为姓,一行(Nhát Hanh)是他的法号。因此有人直接称呼他为一行禅师。

一位抱着婴儿的母亲即是与婴儿一体的母亲。

如果它发育不好，你不能怪莴苣。

在一个危险地囊括了民主、资本主义和寡头的国家，很难认为这些真理是不言而喻的。本杰明·富兰克林（Ben Franklin）在1776年曾说"我们必须团队一致，不然我们肯定会被一个个地绞死"，但今天我们的文化宣扬的却是"人各为己"。

有那么一阵子，互联网是我们的希望。我们认为，我们正在建设一个信息共享空间，这个共享的人人网络由全体创建并向全体开放。但这个信息空间变得易受外围进程的影响，就像我们的土地、森林、宇宙和医院一样，它被公司化和商品化了。德内拉·梅多斯对技术的观点是对的，从长远来看，技术反映并加强了主流文化，尾巴不可能长久摇动狗。

相比之下，自由的公共图书馆却得以持续。它是信息和灵感的源泉，讲述着白手起家的传奇，以及非富者愈富的故事。安德鲁·卡内基（Andrew Carnegie）1889年就揭示过这个道理，当时他如此解释："图书馆比其他任何事物都更能造福于社区居民。它是沙漠中永不枯竭的泉水。"图书馆是我们能以公民身份而非消费者身体自居的少数幸存地之一。当我们向图书馆员寻求值得信赖的建议，他们唯一的动机是教会我们搜索方法、帮我们找到我们需要的东西。图书馆是独立学习者的宝藏。对于像安德鲁·卡内基这样的穷苦孩子，图书馆可能仍旧是唯一一个可以供他们浏览数据库、互联网和书籍的地方。

当然，图书馆提供的不只是信息。公共图书馆分享各种各样的东西：工具、玩具和望远镜。他们提供了一个安静的避难所，一个人可以逃避至此，阅读、写作、搜索、思考和学习。一座图书馆就像一个国家公园，它教导我们，当最宝贵的财富为我们所共有时，所有人都会从中受益。

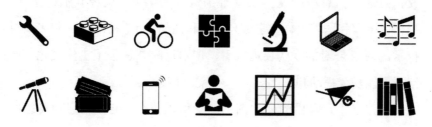

图5-14 图书馆分享的不只是书籍

在一个愈加不平等的社会中，图书馆的目标是创建公平竞争的环境。这个使命有实质意义，但它的作用也是象征性的。就像公立学校和公园,图书馆提醒我们"资本主义-社会主义"是个错误的二分法。通往健康之路始于合成,但我们被这种二元对立的弊病所挟持。这种非此即彼的二元论从哪里来,为什么我们不能打破它的魔咒?答案可能在于神话,我们的文化故事过去常常用于给孩子们进行道德灌输。举个例子,大家可以想想"蚂蚁和蚂蚱"的故事。

夏日的一天,一只蚂蚱在田地里跳跃唧啾,尽情歌唱。一只蚂蚁经过,费力地拖着一穗玉米往窝里爬。"干吗不过来和我聊聊天呢,"蚂蚱说,"何必如此辛苦地劳作?"

"我在为冬天储备食物,"蚂蚁说,"我建议你也这么做。"

"为什么要为冬天的事劳心费神?"蚂蚱说,"我们现在的食物多得很呢。"但蚂蚁继续前行,不辞劳苦。当冬天来临时,蚂蚱因为没有食物饿得奄奄一息。与此同时,它看到蚂蚁们天天都从它们夏天贮存食物的仓库里分发玉米和谷物。这时蚂蚱才明白,未雨绸缪才是最好的。

表面上,这是一个关于两只动物的简单的童话故事,它给孩子们上了一堂常识课。但道德工作就像地图一样,它所隐藏的内容要远多于所揭示的内容。伊索寓言里的价值观非黑即白。他的故事里没有给蚂蚱留活路，这恰恰与丹尼尔·奎因（Daniel Quinn）的寓言相反，后者讲的是一只懂得心灵感应的大猩猩和它的人类学生热切渴望拯救世界的故事。《大猩猩对话录——拯救世界的心智探险之旅》(Ishmael：An Adventure of the Mind and Spirit)①讲的是一个"离开者"和"捕获者"的故事。离开者是牧民和游猎采集部落，他们把命运交在神的手中。捕获者是农学家和技术人员，他们将自然法则为其所用。捕获者是浸淫在我们文化中的人，他们认为人类是宇宙的中心，总会存在一种正确的生活方式，而且增长没有极限。古代文化中的人们都是离开者，数百万年来，他们与环境和谐相处，直到捕获者几乎使他们灭绝。

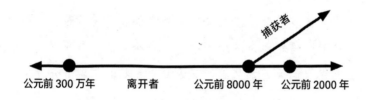

图 5-15　离开者和捕获者的时间线

---

① 译注：本书是一名追求真理的男子与一只大猩猩展开对话的心灵探险小说。大猩猩以赛玛利扮演一个智者角色，在书中他以简洁有力的问题探索人类自混沌之初发展至今的文明轨迹与生态议题。

大猩猩向他的学生解释称，自从约一万年前捕获者出现后至今的动荡岁月，他们已经无情、残酷地摧毁了多样性。

离开者的文化珍视的是对人类有益的知识。捕获者每毁灭一种离开者文化，一种自从人类诞生以来历经终极考验的智慧就无可挽回地从世界上消失了，就像他们每毁灭一种生物，一种自有生命诞生以来历经终极考验的生物就无可挽回地从世界上消失了。

这是对我们文明的有力控诉，也是我读过的最悲伤的故事。在《大猩猩对话录》中，蚂蚱与自然和平相处，而蚂蚁拼命地消费着世界，这就是我跟两种神话的问题。把人分成两类是问题的一部分。寓言折射并强化了我们对二元对立的固有偏见，它鼓励我们排斥他们。但是，如果我们意识到发生了什么，而且两分法的危险已不复存在，那么我们就可以探索看故事的新方式了。例如，乌龟和兔子不是两种人，而是同一个战略频谱的相反两极。我们每个人都有冲刺或缓慢前行的能力，况且取胜的方式不止一种。同样，我们每个人都可以做一只知道许多事情的狐狸，或是一只知道一件大事的刺猬。最佳策略取决于环境。

一旦我们睁开眼睛，神话就可以成为通往智慧的路径。它们帮助我们了解自己和我们的文化。比如，想想魔法师的跨文化原型，这类颠覆性角色经常既是英雄又是小丑。亚拿尼亚（Anansi）①，兔兄（Brer Rabbit）②，丛林狼（Coyote），洛基（Loki）③，乌鸦（Raven）：魔术师懂得变形术，他是一个违反了诸多民俗文化边界的熟悉的局外人。魔术师是一种含糊和阈限的生物（A creature of ambiguity and liminality），他打破规则、敷衍塞责、藐视分类，并扰乱了统治秩序。他可能是明智的、愚蠢的、高贵的，刻薄的，他是一个很纠结的悖论。

当然，魔术师不是神话，他是真实的，他生活在硅谷。他有一份礼物给你，这是一个带有抬头显示屏的可穿戴计算机，或是基于云的家庭安全解决方案，或是送比萨饼的无人机，或是一个能监测你健康的厕所。它们容易使用，也确实奏效。你知道最棒的是什么？它是免费的。因此现在给我们多一些关注吧。

我的童年在英格兰度过，我有一辆黄色的滑板车。我学会了如何

---

① 译注：亚拿尼亚是圣经中的人物，把应该献给使徒的钱私藏了一部分，结果因撒谎而暴死。
② 译注：迪士尼1946年的电影《南方之歌》中的角色。
③ 译注：北欧神话中的破坏及灾难之神。

落地和翱骊（Ollie）①，还知道了滑板是在加州发明的。②慢慢地，我成了一名忠实的消费者。我买了苹果电脑、惠普打印机和思科路由器。我的客户散落于库比蒂诺（Cupertino）、山景城（mountain view）、帕罗奥图（Palo Alto）、圣何塞（San José）、旧金山（San Francisco）和森尼韦尔（Sunnyvale）。我与硅谷很要好，这是一个很棒的地方。

魔术师令人恼怒，因为他们亦正亦邪。苹果手机不仅仅是有用、好用且值得拥有，它是一件艺术品；但也是一个丑陋的身份象征，一个让开车人分心之物、一个环保噩梦。Fitbit、Jawbone 和 Pebble③都是迷人的健康监测设备，但我们怎么知道它们是让我们变得更健康了还是更不健康了？

我不知道如何管理魔术师，但我知道我们必须从"自我辩解"转向"自我意识"，以便继续前进。颠覆性创新的世俗神话并不新颖，但确实有效。我们忙着寻找恐龙，都忘记张望一下我们要去的地方。2004年，当在布鲁斯·斯特林（Bruce Sterling）第一次谈到

---

① 译注：翱骊是一种滑板动作，为英文 Ollie 的音译。Ollie 是阿兰·翟尔凡德（Allan Gelfand）的小名奥利佛（Oliver）的昵称。1979 年，15岁的阿兰在家乡佛罗里达州的一个滑板公园练习滑板，在一个碗形游泳池里，他发现自己可以不用手抓滑板就能越出几乎垂直的泳池壁的上沿并平稳落回到垂直壁上。他的同伴将这个动作叫作 Ollie。
② 译注：加州被称为滑板的故乡，高科技公司云集的硅谷也位于加州。
③ 译注：Fitbit 和 Jawbone 是智能手环，Pebble 是智能手表。

spime①——精确定位于时间和空间上的推理物——他描绘的愿景是鲜绿色的。在从被动消费者转为牛仔英雄后，我们会将产品、传感器、RFID（无线射频识别）、GPS捣碎为可持续的spime，以便对它们进行前所未有的减量、重用和循环。

以一种更清洁的方式生活是可能的。我们生活在废墟和瓦砾之中，皆因我们的无知。从技术上说，无知已不再是必要的……我们的能力是巨大的。最终，我们有技术能力建立能净化空气的工厂、能放出可饮用水的轿车、能创建公园而不是废料的产业，甚至是能让自然在我们的城市、社区、草坪和家园生机勃勃发展的监测系统。一个不只是"可持续发展"、同样也能提升世界的产业。

十年后，我们不仅还没有达成上述目标，反而可能在相反的方向走得更远了。是魔术师信奉的价值观遮蔽了我们的愿景吗？硅谷真正的假设、信仰和价值观是什么？自动驾驶汽车、可穿戴式设备、

---

① 译注：科幻小说家布鲁斯·斯特林（Bruce Sterling）曾描述了一类简单易用、可以自定义配置的物品，名spime，它最重要的特征是能在时空上精确定位。spime有历史记录，可以被记录、回溯、盘点，而且总是与故事相关。

可吸收传感器、克隆、无人驾驶飞机和奇点背后的世界理论是什么？当然，我们不应该太苛责技术专家们了，因为除非我们跳出常规做自我革新，否则我们甚至没有未来。

我们问题的根源是在对面的海岸。我们的联邦政府已腐化，充斥着既不聪明也不高贵的魔术师。除非我们摆脱这种污染，并且学会设计一套治理系统，使其不能由那些重度反社会人士所腐蚀，否则我们找不到出路。几年前，我们的女儿曾宣称，事实上"文明当然很快就会崩溃，我只是希望这事儿不要在我活着的时候发生。"这让我们大吃一惊。这就是我们留给孩子们的遗产吗？抑或我们可以为明天想象和创造一个更好的世界？

阈限是在转型时期出现的含糊或迷惑的品质。这是生活中的丑小鸭阶段、中间仪式，以及几乎察觉不到的改变主意的门槛。在社会层面，阈限时代的秩序崩溃以及传统和惯例的遗失让我们易受魔术师的影响。在搜寻一位有魅力的领袖拯救我们时，很容易迷失自己，我们必须保持警觉。在系统模型之外寻找答案的过程中，我们必须培养自我意识。我们不应操之过急，但时间却又所剩无几。我们跟不上步伐，能量使用不可持续，我们改变的能力是有限的。这个时代即将结束，我们存在和信任的方式将要转变。阈限并不是目标。

是时候来揭示我们故事中的英雄不是魔术师而是树了。聪明的头脑可以提供快速的修复，但通往永恒的道路是一个小径分岔的花园。我们自古以来便生活在与树的关系之中。树木是食物、避难所、医药、工具、火和智慧的宝贵来源。在远古神话中，世界之树[①]的根、树干和树冠将大地与天堂和地下世界相连。在佛教传说中，佛祖在心形叶子的菩提树下得道。亚当和夏娃因受到引诱偷吃了智慧树上的禁果后被逐出生命之树。一行禅师告诉我们，树木是我们感知的一部分。当我们读到"我是Lorax，我为树发言。"我们的精神和作者的思想、文字在云中或在纸上相混合。在我们的集体潜意识中，树是古老的象征，树是互即互入的典型。

我这一生中，动物已经走进了我的世界。当我们住在英格兰时，我们有一个小后院，由一个木栅栏围着。记得有一个星期日，我看见一只乌龟从大门下面爬进我们的花园里，我们收养了它。我妹妹管它叫蝙蝠侠。我们还在放工具的衣柜里发现了一只冬眠的刺猬，我弟弟给它起名亨利八世。我们还曾一度以为我们的送奶人是个小偷，直到我们看到乌鸦偷喝了我们的牛奶。在密歇根，最近几年，一个狐狸家族搬到了我们隔壁，我和太太、女儿们都喜欢狐狸妈妈

[①] 译注：世界之树又称为宇宙树，是北欧神话中的一棵巨树，这棵树的巨木的枝干构成了整个世界。

和她活泼的孩子们在春日的草地上嬉戏。这些动物是自由的象征，它们走进我的生活，提醒我们边界并不存在。

  人与自然对抗的故事毫无意义，两者的关系是分层次的。人是自然的一部分，我们所建造的一切也是。没有系统是封闭的，外部性都是错觉，没有免费的午餐。这些真理对个人、组织和社会在各个层面产生共鸣。如果我们希望变得更好，我们必须尊重系统信息的本质，并培养整体的健康。这不仅仅是一个技术挑战，我们的文化也必须转变。这并不容易，系统总会进行反冲，但这并非不可能。

图 5-16 自然是根目录

  通过展露我们的分类和联系，我们将对我们的行为负责。正如一位女性智者曾经说的，它能发生在一眨眼之间。

它可以发生在毫秒之间，它所需要的仅仅是一次头脑中的点击，一次视线的降低，一种观看的新方式。

为了变得更好，我们必须看到极限是不存在的。我们的模型都是我们所知道的，我们描绘着并不存在的边缘。这不坏，但很危险，它让我们不舒服。没关系，我们必须学会与不适相处。我们必须接纳黑天鹅和外部性进入我们的系统模型，而不是将内疚和恐惧埋葬在小盒子里，因为信息将改变一切。如果我们允许自己意识到连通性、看到万物互联、并在互即互入的现实中有所行动，那么我们将有望改变我们想要的东西，那是我们的必经之路。

关于作者

彼得·莫维尔（Peter Morville）是一位在信息架构和用户体验领域广受尊敬的先锋人物。他的畅销书包括《Web信息架构》（*Information Architecture for the World Wide Web*，也被称为"IA圣经"、"北极熊之书"）、《随意搜索》（*Ambient Findability*）和《搜索模式》（*Search Patterns*）。他为AT&T、思科、哈佛、IBM、美国国会图书馆和美国国家癌症研究所提供咨询服务。他在北美、南美、欧洲、亚洲和澳大利亚的国际会议上发表演说、举办研讨会，其作品被《商业周刊》、《经济学人》、美国国家公共电台、《华尔街日报》等主流媒体所报道。

彼得与妻子和两个女儿居住在美国密歇根的安娜堡，他还有一条名为Knowsy的爱犬。当他不在跑步、骑自行车、游泳或远足的时候，你可以在互联网的这些角落里找到他：semanticstudios.com；intertwingled.org。